新视域·中国高等院校珠宝设计专业
"十三五"规划教材

贵金属材料与首饰制作

上海人民美术出版社

PRECIOUS METALS AND
JEWELLERY MAKING

图书在版编目（CIP）数据

贵金属材料与首饰制作／徐植编著．－上海：上海人民美术出版社，2017.12（2023.3重印）
新视域·中国高等院校珠宝设计专业"十三五"规划教材
ISBN 978-7-5586-0569-7

Ⅰ.①贵... Ⅱ.①徐... Ⅲ.①贵金属-首饰-金属材料-高等学校-教材 ②首饰-制作-高等学校-教材 Ⅳ.①TS934.3

中国版本图书馆CIP数据核字（2017）第261135号

扫二维码观看视频案例
感谢禾木子工作室为本书提供视频案例

新视域·中国高等院校珠宝设计专业"十三五"规划教材

贵金属材料与首饰制作

编　　著	徐　植
责任编辑	孙　青　张乃雍
版式设计	陈建国
	曹庆珠
封面设计	陈　劼
技术编辑	史　湧
出版发行	上海人氏美術出版社
	（上海市闵行区号景路159弄A座7F）
	邮编：201101
网　　址	www.shrmbooks.com
印　　刷	上海印刷（集团）有限公司
开　　本	889×1194　1/16　8.5印张
版　　次	2017年12月第1版
印　　次	2023年3月第4次
书　　号	ISBN 978-7-5586-0569-7
定　　价	78.00元

前 言

中国的首饰制作工艺有着悠久的历史，自古以来，首饰制作工艺一直以手工制作为主，工艺规范也根据不同地域有着各自的风格和流派，以"师傅带徒弟"的形式一代一代传承下来。

随着现代首饰制作工艺技术的不断提高，人们不但对饰品的加工技术、款式等有了更新的认识，而且对首饰所用的贵金属材料也有了更高的要求。

目前，首饰设计与制作工艺早已进入了学校课堂，但却少有专门针对课堂教学的相关教材。本人从事首饰制作工艺和贵金属材料加工工艺工作30多年，在同济大学教授首饰制作课程十余年中，一直是用自编的讲义作为学生的教材在使用。而许多同行的教师朋友也经常向本人询问，是否有专门针对贵金属材料与首饰制作工艺的教材可用。感谢上海人民美术出版社给予了我这样的机会，能将多年的首饰制作经验与教学体会汇集成这本书。

本书的写作持续了两年的时间，在内容选择上，除了首饰的基础手工制作、机械铸造、饰品表面处理外，还着重对贵金属材料、贵金属合金的配置和焊料工艺作了详细的分析。

在本书写作过程中，得到了同济大学教授朱静昌先生、胜林首饰设备珠宝仪器公司张荣标先生、上海金尼工艺品有限公司赵忠伟先生和上海缘德首饰机械有限公司陈德彪先生的大力支持，在此一并表示衷心的感谢！

书中若有错误和欠妥之处，恳请业内人士和师生批评指正，以便在本书修订时改正。

徐 植
2017年12月

目 录

前言

第一章 贵金属   6
第一节   贵金属的历史   7
第二节   贵金属的种类   8
第三节   贵金属的性质   9
第四节   金、银的计量单位   11
第五节   贵金属的纯度   12
第六节   黄金的用途和需求   14
第七节   黄金的产量和储量   14
第八节   贵金属材料的生产资源   15

第二章 贵金属合金   16
第一节   金合金   17
第二节   白 K 金（K 白金）   21
第三节   彩色金合金   24
第四节   银合金   25
第五节   铂族金属合金   26
第六节   首饰用铂合金材料特性   29

第三章 配料   30
第一节   熔炼   31
第二节   压延、轧条   37
第三节   拉丝   38
第四节   压延、轧条、拉丝作业   39
第五节   退火（回火）   42

第四章 手工制作基础   43
第一节   基本功练习   44
第二节   首饰制作练习   57
第三节   其他齿口的制作方法   67
第四节   蜡雕基础练习   70

第五章 浇铸（铸造）   75
第一节   胶模   76
第二节   蜡模   78
第三节   铸模   82
第四节   GD-VPC400 型真空加压铸造机
           操作方法   85

目 录

第五节　GD-350C 型真空离心铸造机操作方法　90

第六节　GD-80 型铸造回转加压铸造机操作方法　92

第七节　爆模及剪枝　94

第六章　执模与镶嵌　95

第一节　执模　96

第二节　镶嵌　97

第三节　印记　108

第四节　首饰镶嵌常用钻针图示　108

第七章　焊料　109

第一节　金焊料　110

第二节　银焊料　110

第三节　Pt 焊料　111

第八章　饰品表面处理——抛光　113

第一节　磁性研磨　114

第二节　滚筒抛光　116

第三节　机械抛光　117

第四节　饰品的抛光工艺　120

第九章　饰品表面处理——电镀　124

第一节　超声波脱脂（去油、除蜡）　125

第二节　电化学脱脂（电解脱脂）　126

第三节　电镀的过程和作用　127

第四节　镀金　127

第五节　镀银　131

第六节　镀铑　132

第十章　贵金属首饰鉴赏　134

第1章 贵金属

第一节
贵金属的历史

一、金和银

贵金属的发现和发展是人类文明史发展的一个很好的表征。在贵金属中，金和银是最早被人们发现并利用的金属，而黄金的开采又早于白银。早在公元前4000年，埃及人就已经懂得如何采集黄金，并广泛应用于生活中。在所有的金属中，黄金之所以被人类最早发现和利用，主要是在自然界中的黄金能呈自然金状存在而广泛分布，相对于其他金属而言，它的采集工艺就要简单得多。其次，金还具有其独特的化学性能和物理性能，在自然界中抗氧化能力特别强。再者，金独有的光泽在大自然中极易被人们发现。

在我国，从众多的考古发掘文物中不难看出，古代劳动人民远在5000多年前就已经发现和利用黄金了，并制作出了大量的精美饰品。在夏商时代，中国人就已懂得通过矿物的晶体形态、颜色、光泽来确认金矿物，并逐渐掌握了氧化试验法和用火烧的方法来鉴定黄金，到了汉代已能熟练地利用物理和化学方法来鉴定金矿物了。

在自然界中，银几乎都是与有色金属伴生的，所以很少有自然银的产出，虽然银在自然界中的储存量大大高于黄金，但是银的冶炼技术和要求相对金来说要复杂得多，所以，它的出现和应用自然要比黄金晚了。

二、铂族金属

同样属于贵金属的铂族金属，由于开采、冶炼技术的低下，以及在应用、认知上的局限，它们被人类发现的时间就晚得多了。

铂族金属是近260年来才被人们陆续发现和利用的，而我国开展铂族金属矿产的开发研究工作的时间是较落后的，约落后于世界铂族金属矿产的开发研究100余年。

我国将铂族金属广泛应用于首饰制作上，才仅仅

贵金属的发现人和发现时间

贵金属	发现时间	发现人	元素符号意思
金 Au	公元前		灿烂（拉丁）
银 Ag	公元前		白色
铂 Pt	1735年 1748年	西班牙 安东尼奥·乌洛阿（Antonio de Ulloa）（发现） 英国 华生（W.Walson）（确认）	稀有的银（西班牙）
钯 Pd	1803年	英国 沃拉斯顿（W.Wollaston）	行星"PAuas"名
铑 Rh	1803~1804年	英国 沃拉斯顿（W.Wollaston）	玫瑰（希腊）
铱 Ir	1803~1804年	英国 坦南特（S.Tennant）	虹（拉丁）
锇 Os	1803~1804年	英国 坦南特（S.Tennant）	气味（希腊）
钌 Ru	1844年	俄罗斯 克劳斯（K.Knayc）	俄罗斯（拉丁）

30余年历史，由于中国有着惊人的消费市场，到了20个世纪90年代，我国用于首饰上的铂族金属，特别是铂的用量已在世界上居第一位了。但是，由于我国铂族金属矿产资源的匮乏，几乎所有的铂族金属都要依赖进口。

第二节
贵金属的种类

根据金属的物理性质和化学性质以及在自然界中的储存量，到目前为止，已知的贵金属有金、银、铂、钯、铑、铱、锇、钌八种元素。这八种元素又可以分为金、银、铂族金属。

铂族金属包括铂、钯、铑、铱、锇、钌。而铑、铱、锇、钌这四种元素又称为稀有铂族金属。

金、银及铂族金属之所以称为贵金属，主要是由它们独特的物理、化学性质及在地壳中的含量稀少所决定的。金属被称为贵金属，必须具备三个条件：1. 化学性能稳定，不易被氧化，不易与一般试剂起作用，能较长时间地保持其性能及瑰丽的色泽。2. 优异的物理性能及独特的催化活性。3. 在自然界中含量稀少。

贵金属不仅含量少，而且分布极不平衡，世界上为数不多的大型矿藏都集中在少数几个国家，但小型资源分布很广，特别是零星的金矿可以说是遍布全球，因而造成开采的成本高、价格贵。

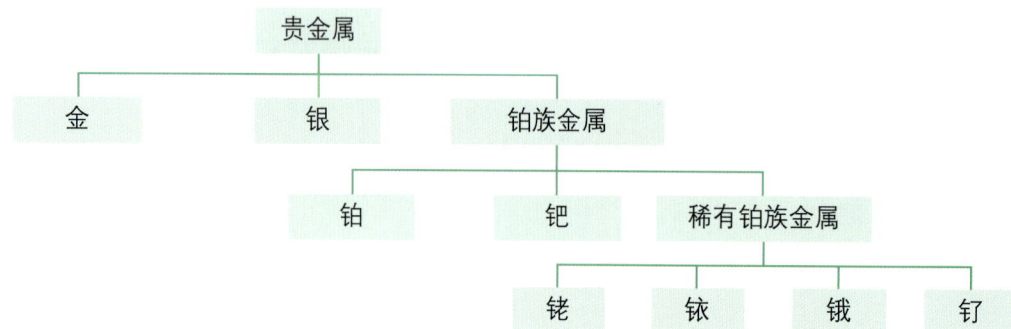

贵金属在地壳中的平均含量

元素	银	钯	铂	金	铑	铱	钌	锇
克/吨	0.1	0.01	0.005	0.005	0.001	0.001	0.001	0.001

第三节
贵金属的性质

一、金（Au）

■ 1. 金的物理性质

金的化学符号为 Au，原子序数为 79，原子体积为 10.11，晶体结构为面心立方晶格，原子量为 196.688。自然金是单同位素体，已知它有质量数为 183～204 的同位素共 22 个，只有同位素 197 的金最稳定。金的原子半径为 1.46Å，由于许多金属的原子半径与金的原子半径非常接近，如银的原子半径为 1.44Å，铂的原子半径为 1.39Å，这就是许多金属能与金形成合金的主要原因。

金的熔点为 1063～1067℃，这是由于测量的手段不同。通常金的熔点在 1062.7～1067.4℃之间变化。同样，金的沸点也因测量手段的不同而导致结果的差异，在 2700～2950℃之间变化着。熔融的液态金具有较大的挥发性，熔化后的金会随着温度的升高而不断挥发。民间有"真金不怕火炼"的俗语，是在 1000～1300℃的温度范围内而言，这是因为当时熔金炉和熔金坩埚的局限，只要黄金一旦熔化，也就没有必要继续升温了。所以，黄金是会有损耗的。

金在不同的温度中，它的密度也会有变化，通常为 19.328g/cm^3；在 20℃的环境中，金的密度为 19.32g/cm^3。但金在 1063℃熔化时，它的密度为 17.38g/cm^3；1063℃凝固状态时，为 18.28g/cm^3。

金的硬度很低，为 2.5，它的延伸率为 40%～50%，横断面收缩率为 90%～94%。金具有良好的韧性和可锻性，可制成极薄（可达到 0.001mm）的金箔，1OZ 的金箔可贴满 3cm^2 的面积。它还具有良好的延展性，通常 1g 的黄金可以拉成 320m 的金丝，如果在现代加工条件下，可拉长到 3400m 以上。

金还是热和电的良导体，但不是最好的导体，它的传导性没有铂、银、铅、汞这四种金属好。

在所有的金属中，金的颜色最黄，越纯的金，它的颜色越鲜艳。但是在自然界中，高纯度的黄金极其少见。由于其他金属的掺入（如银、铜等），金的颜色也会从淡黄色变化到黄红色。金矿中开采出来的自然金由于表面常常有一层薄薄的氧化铁，这时的黄金颜色可能呈褐色或是深褐色，甚至黑褐色。

黄金有着众所周知的各种优点，但也有它"脆弱"的一面，金会因掺入杂质而变脆，如在金中掺入砷、铅、镉、碲等都会改变金的韧性和延展性，如果在金中加入 0.01% 的铅，就会使金的良好延展性完全丧失。

金很容易被磨损，变成极细的粉末，这就是黄金常以分散的状态广泛分布于自然界中的原因。

■ 2. 金的化学性质

金在化学元素周期表中和银、铜是同类素，但它的化学性质却和铂族金属十分接近，金的三价金间的电极电势值很高，达到 1.5V。金最主要的特征就是它的化学活性很低，在大气和潮湿的环境中金也不会起变化。在高温中，金不与氢、氮、硫和碳起反应。由于金在液体中的电极电位值很高，无论是稀的或浓的硫酸、硝酸和盐酸单独使用都不能溶解它，而金能轻易地被王水（盐酸和硝酸 3∶1 的混合剂）溶解。

除了王水，金还溶解于有强氧化剂的碘酸和硝酸中。有二氧化锰存在时，金也溶解于浓硫酸，金还溶解于饱和氯的盐酸和氰化物的溶液中。

二、银（Ag）

■ 1. 银的物理性质

银的化学符号为 Ag，原子序数为 47，原子体积为 10.21，晶体结构为面心立方晶格，原子量为 107.868，密度为 10.5g/cm³。银的熔点为 960.5℃，沸点为 2160℃，硬度为 2.5。

银具有极其良好的电热导性，在贵金属中，银是最好的导体。

银还具有良好的延展性和韧性，对光的反射力很强，尤其对白光的反射力最强，对 550nm 的光线，反射率达到 94%。

■ 2. 银的化学性质

较强的化学稳定性是银的化学特性，所以银对水和大气中的氧都不起作用，但银遇硫化氢和硫会变黑。银在贵金属中性质最活泼，能溶解于硝酸和热的浓硫酸中，但因生成氯化银沉淀而不溶于王水，在空气中银也溶于氰化碱类。

三、铂（Pt）

铂是由自然铂、粗铂矿等矿物熔炼而成的，呈锡白色。铂的化学符号为 Pt，原子序数为 78，原子体积为 9.12，晶体结构为面心立方晶格，原子量为 195，密度为 21.45gkm³。铂的熔点为 1772℃，沸点 3820℃，硬度为 4.5，是热和电的良导体。

铂富有延展性，易于机械加工，纯铂可冷轧成厚度为 0.0025mm 的箔。铂对气体的吸附能力很强，可制成碎粒或海绵体，吸附大量的气体，常温时可吸收超过其本身体积 114 倍的氢，温度升高时吸附气体的性能更强。铂对光的反射力较强，对 550nm 的光线，反射率达到 65%。

铂的化学稳定性极强，但能溶于王水。铂还具有很强的抗氧化性能，在常温下对空气和氧十分稳定，并且铂是唯一能抗氧化直到熔点的金属。

四、钯（Pd）

钯是由自然钯熔炼而成的，呈银白色。钯的化学符号为 Pd，原子序数为 46，原子体积为 8.9，晶体结构为面心立方晶格，原子量为 106.4，密度为 12.02g/cm³。钯的熔点为 1550℃，沸点为 3900℃。硬度为 5，是热和电的良导体。

钯具有良好的延展性，易于机械加工，对氢的吸附能力极强，能吸附其体积 3000 倍的氢，可制成非常稳定的胶体悬浮物及固定制剂。对光的反射力较强。

钯的抗氧化性能很强，在常温下对空气和氧都是十分稳定的，并具有较强的化学稳定性。在 350～790℃的温度中，钯会生成氧化膜；但一旦温度高于 800℃时，又分解为钯和氧。钯还是铂族元素中最活泼的一个，能溶于王水，也溶于浓硝酸和热硫酸。

五、铑（Rh）

铑是由自然铑熔炼而成的，呈银白色。铑的化学符号为 Rh，原子序数为 45，原子体积为 8.5，晶体结构为面心立方晶格，原子量为 102.9，密度为 12.41g/cm³。铑的熔点为 1965℃，沸点为 3727℃，是热和电的良导体。

铑属于难熔的金属，熔融的铑具有高度溶解气体的性能，凝固时又放出气体。铑易吸收氢气和其他气体，对光的反射能力很强，对 550nm 的光线，反射率达到 78%。

铑对酸的化学稳定性特别强，不仅不溶于普通的酸，甚至不溶于王水，但能溶于沸腾的浓硫酸。它的抗氧化性能也很强，在常温下对空气和氧都是十分稳定的。所以，常温中的铑镀层能保持相当长的时间不变色，但铑在 600～1000℃的空气中会氧化。

六、铱（Ir）

主要由自然铱或铱、锇矿提炼而成，呈银白色。铱的化学符号为 Ir，原子序数为 77，原子体积为 8.6，晶体结构为面心立方晶格，原子量为 192.2，密度为 22.65g/cm³，在贵金属中密度最大。铱的熔点为 2455℃，沸点为 4520℃，硬度为 6.5，是热和电的良导体。

铱属于难熔的金属，也具有很强的气体吸附能力和对光的反射能力。

铱对酸的化学稳定性特别强，不仅不溶于普通酸，甚至不溶于王水。铱在常温下对空气和氧都是十分稳定的，是唯一抗氧化达到 2300℃而不发生严重损坏的金属。但铱在 600～1000℃的空气中会发生氧化，如果继续升高温度，氧化物就会消失，这时的铱又恢复金属的光泽了。

七、锇（Os）

锇接近于青白色和蓝灰色，锇的化学符号为 Os，原子序数为 76，原子体积为 8.5，晶体结构为密集六方晶格，原子量为 190.2，密度为 22.61g/cm³。锇的熔点高达 3000℃，在贵金属中熔点最高，沸点为 5000℃以上，密度较高。

锇属于极难熔的金属，对气体的吸附能力很强。

锇对酸的化学稳定性也特别强，不但不溶于普通的酸，而且也不溶于王水，是极具化学稳定性能的金属。

八、钌（Ru）

钌呈灰白色。钌的化学符号为 Ru，原子序数为 44，原子体积为 8.3，晶体结构为密集六方晶格，原子量为 101.1，密度为 12.45g/cm³。钌的熔点为 2400℃，沸点高达 4000℃，硬度为 6.5，是热和电的良导体。

钌属于难熔的金属，对气体的吸附能力很强，对光有着较强的反射能力。

钌不溶于普通的酸和王水，但在空气中加热到 450℃以上会慢慢地氧化。

第四节
金、银的计量单位

自古以来，金、银的计量单位随着历史的变迁和度量衡的变化而不断变化着。而世界上各个国家的计量单位也不尽相同。

一、国际上的金衡

目前，国外使用金银计量的单位较多，通用的金衡除了 g（克）、kg（千克）外，还采用金衡"盎司"来表示金、银的重量。"盎司"的英文称为 Ounce，代号为 OZ。而盎司有两种，一种叫金衡盎司，一金衡盎司等于 31.10346g；还有一种叫常衡盎司，一常衡盎司等于 28.3495g。在国际交易中，贵金属的计量则一律采用金衡盎司。另外，世界上少数国家也有用"哩""本尼威特""公吨"和"短吨"作为贵金属的计量单位。1 短吨等于 2000 常衡磅或 907.2kg。

除了以上几种计量单位，国外还使用另外三种金衡。较大的金衡单位称为"磅"，磅也有金衡磅和常衡磅之分，金衡磅的英文称为 Poundthrust，缩写为 lb.t，1 金衡磅等于 373.24g；常衡磅的英文称为 Pound，缩写为 lb.，1 常衡磅等于 453.6g。再有一种金衡单位为"英钱",缩写为 dwt.,1 英钱等于 1/20OZ,也就是 1.555173g。还有一种最小的金衡单位为"格令",英文称为 Grain,缩写为 gr.,1 英钱等于 24gr.,也就是 1 格令等于 0.064799g。

二、我国的金衡

我国的金衡单位也因时代的不同,出现过多种金衡制。公元前 221 年,秦始皇统一中国后,就把黄金作为货币中的上币,并规定了计量单位为"溢"。随着时代的变迁,金、银的计量单位也变成了"两"。1 市斤等于 16 两,1 两等于 31.25 克。这种 16 两制的"两",我们称为小两。新中国成立前,我国民间用戥子秤来称贵重物品,使用的计量单位就是两、钱、分、厘。

新中国成立后,国务院统一了度量衡单位,金、银一律以"吨"(t)、"千克"(kg)和"克"(g)来计量,但民间的一些地方,尤其是在农村,仍时常用"两"来计量金、银。在我国的香港、澳门和广东部分地区曾经使用过的"司马两",至今仍在少数地方使用,1 司马两等于 37.425g。

第五节
贵金属的纯度

贵金属的纯度,也就是贵金属的实际含量,也叫成色。成色的高低决定了贵金属的价值,其纯度越高,它的价值也就越大。

在首饰制作中,除了素金(非镶嵌类饰品)产品外,几乎很少用高纯度的贵金属来制作首饰。人们往往在这些高纯度的贵金属中掺入一些其他的金属来降低饰品的成色,这样既增强了饰品材料的硬度,也增加了饰品表面的金属塑性。在后处理中,使得饰品的表面更加光洁,颜色更加艳丽,还能使首饰的款式更加多样,一些用高纯度贵金属不能制作的首饰也能随心所欲地制造出来了。

一、金、银饰品的纯度

1. 千足金与足金饰品

"金无足赤",在自然界中不存在 100% 的黄金。但是在现代冶炼技术条件下,已经能提炼出 99.9999% 的高纯度黄金了。可是若用这种高纯度的黄金来制作日常生活中所佩戴的首饰,显然已经毫无意义了。目前根据《首饰贵金属纯度的规定及命名方法》国家标准,凡是饰品上标有"千足金"印记的,其整体含金量不得小于 999‰;凡是饰品上标有"足金"印记的,其整体含金量不得小于 990‰。

各种K金的含金量(括号内为国家标准)

名称	8K	9K	10K	12K	14K	18K	20K	21K	22K	24K
黄金含量	33.328%	37.494%	41.660%	49.992%	58.324%	74.988%	83.320%	87.486%	91.652%	99.984%
黄金含量国家标准	(333‰)	(375‰)	(417‰)	(500‰)	(585‰)	(750‰)	(833‰)	(875‰)	(916‰)	(999‰)

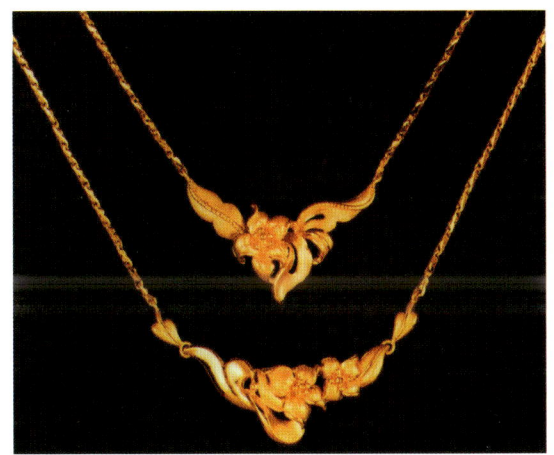
千足金吊坠

18K黄金胸针

■ 2. K金饰品

"K"为英文Carat、德文Karat的缩写。由于制作工艺和首饰款式的无穷变化及饰品颜色的需要，单一的纯金首饰早已不能满足人们的需求，所以，在纯金材料中加入一些其他金属，如：银、铜、镍、钴等，就能使金的材料硬度起到显著的变化，而加入的金属的种类和多少，往往又决定了首饰的颜色，这种材料称为"K金"。

■ 3. 银饰品

在银饰品中，除极少数的饰品是用纯银制作的，大多数的银饰品都是用925银（含银量为925‰）来制作的。925银除了92.5%的纯银外，还加入了少量的其他金属，如铜、铁、锰等。配制后的925银材料，它的光亮度、硬度和耐磨度都远远超过了纯银。但是，新中国成立前制作的银币，其成色就较低了，通常只有70%~85%，而民间留传下来的一些银器具，如碗、勺、筷、水烟壶、头饰等，成色往往只有60%~80%，甚至更低。

二、铂族金属饰品的纯度

■ 1. 铂饰品

我国生产制作铂饰品的历史很短，只有几十年的时间。新中国成立前，一些手工作坊里制作的白金饰品，其实并不是现在意义上的铂金，而是一种叫作"白料"的合金，有的连金的成分都没有，就更别提含铂量了。

目前，国内生产的铂饰品绝大部分为Pt950和Pt900及少量的纯铂饰品。Pt950的含铂量为950‰以上，Pt900的含铂量为900‰以上，其他的金属为钯、铜、钴等。

■ 2. 钯饰品

在贵金属中，以钯作为主料生产的饰品，是近几年来才流行的。以前钯只是作为辅料加入铂材料中，形成铂-钯合金，这种铂-钯合金既增强了铂族金属的硬度，也增加了铂族金属在铸造工艺中的流淌性。由于近年来铂的价格不断攀升，由此而产生了以钯作为首饰主料的Pd饰品。常用的钯饰品含量为950‰，称为Pd950。其余5%的金属为铱、铜、钴、镍等。

铂族金属中的铑、铱、锇、钌，由于它们的高熔点和高硬度，到目前为止，还没有单独使用这四种金属来制造首饰。铑使用最多的往往是将它制成硫酸铑溶剂来作为电镀的主盐，经镀铑后的饰品，其表面鲜亮、洁白，抗氧化能力特别好。而铱和钌则常常被作为"辅料"添加到其他贵金属中，用来改变贵金属原有的硬度和色泽。

第六节
黄金的用途和需求

金的用途和需求比较复杂，但总体上可分为三大部分，即工业用金、装饰和币章用金以及私人储藏用金。

一、工业用金

工业用金的范围很广，大体上有以下几个行业：航天航空业、电子工业和通信技术、玻璃工业、钟表业和制笔业、医疗器械。

二、装饰和币章用金

大体上有首饰制造行业、齿科行业、纪念金币及司标徽章制造。

三、私人储藏用金

世界上，私人储藏黄金最多的是西欧人，约9000吨左右，而其中法国私人拥有黄金量居首位，约4600吨。整个亚洲私人储藏的黄金约有4900吨，而其中印度私人拥有黄金量就达到了4000吨左右。整个美洲的私人拥有黄金量在3000吨左右。

从古至今，黄金开采已有6000多年的历史，共产出黄金90000余吨，而目前世界上所有国家黄金的总和却只有60000吨左右，也就是说在漫漫的历史长河中，已有30000吨的黄金被人类消耗掉了。

第七节
黄金的产量和储量

在世界黄金生产大国中，南非居第一位，产金量占世界的22%；美国居第二位，占14%；澳大利亚占13%；加拿大占7%；中国占7%。世界上主要的产金国还有俄罗斯、印度尼西亚、秘鲁、乌兹别克斯坦、加纳、巴布亚新几内亚、巴西、智利、菲律宾、津巴布韦、墨西哥、马里、吉尔吉斯斯坦、哥伦比亚和阿根廷。

全世界每年生产黄金约1500吨左右，其中近1200吨的黄金用于制作首饰；其次用于电子和通讯工业；还有一部分被各国储藏了起来，作为国家的储备资金。

世界上共有产金国80多个，探明的黄金总储量为42000多吨，储量基础约89000吨。南非占世界查明黄金资源量和储量基础的50%和38%；美国居第二位，占世界查明黄金资源量的12%，占世界储量基础的8%。除南非和美国外，世界主要黄金资源国还有俄罗斯、澳大利亚、乌兹别克斯坦、加拿大等。

我国黄金资源比较丰富，黄金的保有总储量4200多吨，居世界第七位，已探明的金矿多达1200多处。独立金矿床最多的在山东省，占总储量的14%；而伴生金矿最多的在江西省，占总储量的12%。另外，黑龙江、河南、湖北、陕西、四川、内蒙古等地的金矿资源也相当丰富。

第八节
贵金属材料的生产资源

贵金属材料的生产，由于其资源的不同，相应的生产技术和工艺也就有差异。

一、贵金属的矿产资源——一次资源

凡含有金、银、铂、铑、钯、铱、锇、钌八种元素的各类矿石、矿物、选冶中间产物和富集物，称为一次资源。

在金矿产资源中，分为独立矿和伴生矿两种，我国的黄金矿产资源主要是岩金、砂金和伴生金。我国已探明的银矿资源几乎都是有色金属伴生矿，大多与铅锌矿共存，其次是铜矿。我国已探明的铂金矿储量很小，仅占世界总探明储量的 0.6%，而且品位低，平均约 0.4g/t。没有独立开采矿，绝大部分是伴生矿，95% 以上的储量属于铜镍型铂族金属矿床，其余为铬铁矿型、钒钛磁铁矿型、镍钼型和砂铂（族）矿型，还有少量伴生于各种有色金属矿床中。

二、贵金属的再生回收——二次资源

贵金属的再生回收是将那些已失去原使用性能的零部件和生产过程中收集的废料、清扫物回收再生，提纯熔炼，加工成相应的纯金属或合金。

从贵金属的使用、分布情况来看，二次资源的种类很多，几乎分布在各个产业部门，归纳起来主要有：

（1）化工石油工业用各种催化剂。如铂、铂铼、钯、金钯、铂钯铑等。

（2）电气仪表用各种导线、电阻与电容材料、电接触材料与焊料。如金、银、铂铱、钯铱、银氧化镉、钯银铜等。

（3）化学玻璃及玻璃纤维工业用坩埚及漏板材料。如铂、铂铑金等。

（4）各种工业测试材料。如铂 - 铂铑、铱 - 铱铑、铑 - 铁等。

（5）汽车、柴油机废气净化用催化剂。如铂、钯、铂钯铑等。

（6）印相及制镜业的含银废料及废胶片。

（7）其他材料。如牙科材料、工艺品、实验室器皿与用具、电镀废液、废旧首饰以及各种加工中产生的废屑、锉末、清扫物等。

我国各类金矿的储量比率

金矿类型	岩金	砂金	伴生金
占储量比率（%）	52.0	14.5	33.5

我国各类伴生银矿的储量比率

银矿类型	铅锌矿	铜矿	锡铅锌矿	金矿	其他多金属矿
占储量比率（%）	44.0	31.6	6.8	4.5	13.1

第 2 章
贵金属合金

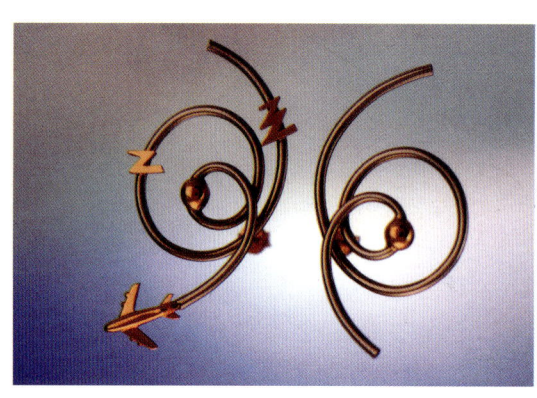

第一节
金合金

金合金，顾名思义就是黄金与其他金属在一定的温度条件下，熔合成有多种金属元素的合金。在首饰用材料中，常用的金合金元素有二元合金、三元合金及三元以上的多元合金。在所有的贵金属材料中，金合金的种类是最多的，相同成色的K金材料，根据不同颜色和硬度的需要，可配制出多种多样的组合成分。

在配制金合金材料时，根据所需的黄金K数，金的含量是有严格规定的，除了规定含量的主料——黄金外，其他的辅料（金属），在首饰行业中称为"补口"。在纯金中加入补口的金合金就是"K金"。配制补口的数种金属的配比，决定了K金材料的颜色和硬度；而同样重量的K金材料中，补口的多少又决定了K金材料的K数。补口越多，则K金材料的K数（成色）就越小。

一、金－银合金

在纯金中加入一定量的银，成为二元合金，能使金的硬度得到提高，当含银量达到40%时，其硬度就会达到金-银二元合金的最高值。金-银二元合金的颜色，随着银含量的增加，也会从黄色向浅绿色变化，最后又逐渐变成浅黄色至白色。当含银量20%~25%时，合金的颜色为浅青绿色，当含银量超过50%时，合金颜色就会变成白色。这种浅青绿色的金-银合金称为青金。青金作为材料在首饰制作上用量并不多，但在日本和我国香港地区，常常作为镀金用阳极，电镀出的首饰颜色称为青金黄。

金合金饰品

金合金饰品

金合金饰品

金合金饰品

金合金饰品

金合金饰品

二、金-铜合金

这种金-铜二元合金在熔炼中，低温时易生成氧化膜，冷却后硬度显著提高，能任意加工成各种形状，在加工过程中的物理变化也会提高它的硬度。随着铜含量的增多，合金的颜色也会从淡红色向深红色变化。这种以金-铜为主的合金称为"红金"，也叫作"玫瑰金"。

三、金-银-铜合金

这是在金合金家族里最具代表性的三元合金，这种合金根据其三元素含量的不同，熔点在780～1083℃之间变化着，硬度和机械加工性能主要是随着铜含量的变化而变化。

最传统的18K金-银-铜三元合金为：金75%，银12.5%，铜12.5%。这种配比的18K金，硬度适中，颜色呈带微红的黄色，色泽艳丽，适合制作任何款式的首饰。

金-银-铜合金 三元素组成（%）

序号	Au	Ag	Cu	序号	Au	Ag	Cu	序号	Au	Ag	Cu
1	99.994	–	–	15	70.0	30.0	–	29	40.0	20.0	40.0
2	90.0	10.0	–	16	70.0	15.0	15.0	30	40.0	–	60.0
3	90.0	5.0	5.0	17	70.0	–	30.0	31	25.0	75.0	–
4	90.0	–	10.0	18	60.0	40.0	–	32	25.0	50.0	25.0
5	83.4	16.6	–	19	60.0	25.0	15.0	33	25.0	37.5	37.5
6	83.4	6.6	10.0	20	60.0	15.0	25.0	34	25.0	25.0	50.0
7	83.4	–	16.6	21	60.0	–	40.0	35	25.0	–	75.0
8	80.0	20.0	–	22	50.0	50.0	–	36	–	99.98	–
9	80.0	10.0	10.0	23	50.0	37.5	12.5	37	–	75.0	25.0
10	80.0	–	20.0	24	50.0	25.0	25.0	38	–	50.0	50.0
11	75.0	25.0	–	25	50.0	12.5	37.5	39	–	25.0	75.0
12	75.0	12.5	12.5	26	50.0	–	50.0	40	–	–	99.99
13	75.0	7.5	17.5	27	40.0	60.0	–				
14	75.0	–	25.0	28	40.0	40.0	20.0				

四、K 金

为了明示金合金的品位及含量，除了常用百分数（%）和千分数（‰）来表示之外，还可以用"K"数来表示金的含量。K 数的最高值为 24K，每 K 的含金量约为 4.166，K 数乘以 4.166，即为饰品的含金量。

■ 1. 22K 金

早在 1527 年，英国就把金币的品位规定成色为 91.6%，即 22K 金。1560 年伊丽莎白女王时代，其他的金饰品也渐渐地使用 22K 金，直到现在，英国的金表等饰物的成色仍在使用 22K 金。在我国也时常能见到，新中国成立前，首饰作坊制作的含金量为 91.6% 的 22K 金饰品，如天元戒、龙凤戒、耳环和头饰，俗称"九呈金"。近年来，从耐磨性和款式上去考虑，22K 金饰品几乎不生产了。

■ 2. 20K 金

从 1783 年爱尔兰法定的标准金品位为 20K 开始，至今爱尔兰人仍在很大程度上用 20K 金来制作首饰，而在其他国家已经很少能见到 20K 金的饰品了。我国在新中国成立前也有少量的作坊制作过一些 20K 金的饰品和器物，多为头饰、手镯、挖耳勺等。

■ 3. 18K 金

这是在 K 金首饰上用量最多的金合金，自 1482 年英国将 18K 金作为法定的饰品成色以来，几乎世界上每个国家都把 18K 金作为生产首饰的主要用金材料。目前，世界上所有的 K 金饰品中，90% 以上都是 18K 金的，少量的为 14K 金和 9K 金。

■ 4. 14K 金

英国于 1932 年把 14K 金的含量由 58.33% 改为 58.5%，并在法律上作了规定。随后日本也采用了这个规定，将 14K 金的成色规定为金含量 58.5%。因为 14K 金在价值上比 18K 金便宜，所以美国及欧洲也都大量将 14K 金作为首饰用材，随后钟表业、眼镜业及金笔制造业也先后采用 14K 金作为制造材料。

■ 5. 9K 金

9K 金于 1854 年被英国作为法定的金品位开始采用，通常用于价格低廉的装饰品。因为当时 9K 金的价格只有纯金的三分之一左右，受到广大消费者的欢迎，9K 金饰品一度成为市场上的新宠。但是，9K 金材料的延展性和成品的表面色泽远不及 18K 金，因为材料中含铜较多的原因，表面易氧化，因此使用久了的饰品光泽黯然，只有经过再次的表面抛光处理才能恢复如新。

18K 金饰品

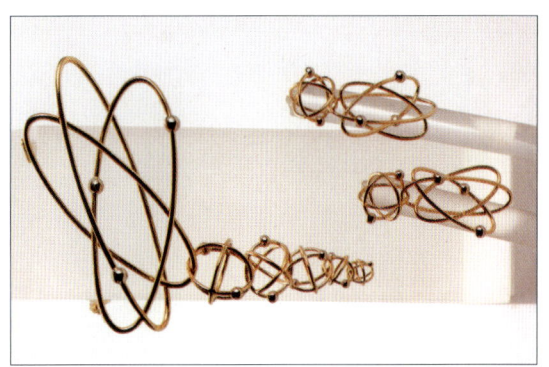

14K 金饰品

各种K金的金属元素的组成与颜色（%）

22K 金的组成与颜色

Au	Ag	Cu	Zn	其他金属	颜色
91.66	8.34	–	–	–	淡黄
91.66	6.20	2.14	–	–	黄
91.66	5.50	2.84	–	–	黄
91.66	3.20	5.14	–	–	黄
91.66	2.50	5.84	–	–	深黄
91.66	–	8.34	–	–	微红

20K 金的组成与颜色

Au	Ag	Cu	Zn	其他金属	颜色
83.33	16.67	–	–	–	绿黄
83.33	12.50	4.17	–	–	淡绿黄
83.33	8.00	8.67	–	–	黄
83.33	6.67	10.00	–	–	黄
83.33	4.20	12.47	–	–	微红
83.33	–	16.67	–	–	红

18K 金的组成与颜色

Au	Ag	Cu	Zn	其他金属	颜色
75.00	25.00	–	–	–	绿黄
75.00	22.00	3.00	–	–	淡绿黄
75.00	15.00	10.00	–	–	黄
75.00	13.00	12.00	–	–	黄
75.00	12.50	12.50	–	–	黄
75.00	12.30	12.50	0.20	–	黄
75.00	10.00	13.00	2.0	–	黄
75.00	7.50	17.50	–	–	微红
75.00	7.00	18.00	–	–	微红
75.00	3.00	22.00	–	–	红
75.00	–	25.00	–	–	红

14K 金的组成与颜色

Au	Ag	Cu	Zn	其他金属	颜色
58.50	41.50	–	–	–	绿黄
58.50	33.50	8.00	–	–	绿黄
58.50	31.00	10.50	–	–	绿黄
58.50	27.75	13.75	–	–	绿黄
58.50	22.83	18.67	–	–	黄
58.50	20.75	20.75	–	–	黄
58.50	13.10	26.50	1.90	–	微黄
58.50	11.60	26.90	3.00	–	微黄
58.50	10.40	31.10	–	–	微红
58.50	8.50	26.50	5.00	–	微红
58.50	8.00	29.50	4.00	–	微红
58.50	6.00	29.50	6.00	–	微红
58.50	2.00	29.50	10.00	–	红
58.50	0.20	31.70	9.60	–	红
58.50	–	41.50	–	–	红

12K 金的组成与颜色					
Au	Ag	Cu	Zn	其他金属	颜色
50.00	50.00	–	–	–	浅绿黄
50.00	42.90	7.10	–	–	浅绿黄
50.00	33.30	16.70	–	–	浅绿黄
50.00	25.00	25.00	–	–	黄
50.00	16.70	33.30	–	–	黄
50.00	11.50	37.50	1.00	–	微红
50.00	8.00	34.00	8.00	–	微红
50.00	5.50	36.50	7.00	Ni 1.00	微红
50.00	5.00	36.00	9.00	–	微红
50.00	4.50	41.00	4.50	–	红
50.00	–	42.00	2.00	Ni 6.00	浅红
50.00	–	50.00	–	–	红

9K 金的组成与颜色					
Au	Ag	Cu	Zn	其他金属	颜色
37.50	62.50	–	–	–	白
37.50	60.00	2.50	–	–	白
37.50	55.00	7.50	–	–	微白
37.50	49.00	13.50	–	–	淡绿黄
37.50	42.00	20.50	–	–	淡绿黄
37.50	40.00	15.50	7.00	–	微黄
37.50	35.50	27.00	–	–	微黄
37.50	24.00	38.50	–	–	微黄
37.50	20.00	40.00	2.50	–	微黄
37.50	11.50	51.00	–	–	微红
37.50	7.50	55.00	–	–	微红
37.50	3.00	59.50	–	–	红
37.50	–	62.50	–	–	红

第二节
白K金（K白金）

白K金，也叫白色K金或K白金。

第一次世界大战时，世界上的铂族金属生产受到了极大影响，尤其在俄国大革命时期，几乎所有的铂族金属矿业都停止了生产，原料异常短缺。而白色贵金属物品依然受到人们的青睐，在这种背景下，人们开发了一种铂金的替代品——白色K金。这种替代品是由黄金作为主材料，配以其他的白色金属，经熔炼合成一种新颖的白色金合金，当时称为"White gold"（白金）。白K金有多种不同的组成，大体可分为金-钯系列和金-镍系列两大类型。

白K金胸针

金-钯系列白K金（K白金）的组成与颜色（%）

白K金 （K白金）	元素组成						颜色
	Au	Ag	Cu	Pd	Ni	其他金属	
20K	83.30	–	–	16.70	–	–	白
18K	75.00	12.50	–	12.50	–	–	白
	75.00	8.00	–	10.00	7.00	–	白
	75.00	5.00	–	20.00	–	–	白
	75.00	9.90	5.10	5.40	1.10	Pt15～40	白
	70～75	–	–	5～25	–	–	白
15K	62.50	24.86	–	12.64	–	–	白
14K	58.50	29.50	–	10.00	2.00	–	白
	58.50	23.70	–	16.60	1.20	–	白
	58.50	23.50	0.50	17.50	–	–	白
	58.50	24.10	–	16.60	0.80	–	白
	58.50	19.70	2.00	19.80	–	–	白
	58.50	18.50	–	20.00	3.00	–	白
12K	50.15	32.35	1.00	15.00	–	–	白
10K	41.70	45.80	–	12.00	–	Zn 0.50	白
9K	37.50	42.50	–	20.00	–	–	白
	37.50	45.00	–	17.50	–	–	白

白K金饰品

白K金饰品

白K金饰品

一、金 – 钯系列

　　金 - 钯合金在熔炼时，两者的互熔性极好，能充分地混合，不但熔合后的成色均匀度高，而且有着极其优异的延展性，硬度要比普通的18K金柔软，适合所有的手工制作和机械加工中的压片、拉丝及冲压等。金 - 钯合金的颜色随着钯含量的增加而由黄色向白色变化，钯的含量越高，颜色就越白。当钯的含量超过15%时，整个金 - 钯合金就会呈现全白色了。但是金 - 钯合金的价格，比其他金合金的价格尤其是普通18K金的价格要高许多。所以，在首饰制作中，除了一些精品和特制的产品外，一般很少用金 - 钯二元合金来制作饰品。

二、金 – 镍系列

　　金 - 镍合金在熔炼时，两者能较好地熔合在一起，但是金—镍合金的硬度非常大。当合金中镍的含量达到25%，熔炼倒模后的合金在800℃时，放入油中骤冷后，合金的颜色就会呈金白色，硬度在300左右；如果合金在800℃时，放在空气中自然冷却到常温，合金的颜色就会呈黄白色，而硬度却达到330以上。金属的塑性和机械加工性能将完全失去。但是，如果合金在800℃时，放在特定的同温环境中慢慢冷却，让它的硬度达到260以下，这时的金属塑性和机械加工性能就会大大提高，但是它的颜色则会呈带黄的灰白色。

金–镍系列白K金（K白金）的组成与颜色（%）

白K金 （K白金）	元素组成						颜色
	Au	Ag	Cu	Ni	Pd	其他金属	
20K	83.30	–	–	16.70	–	–	白
18K	70 ~ 75	–	–	10 ~ 18	–	Zn 2 ~ 9	白
	75.00	–	8.50	13.50	–	Zn 3.00	白
	75.00	–	11.50	13.50	–	–	白
	75.00	–	12.00	8.00	–	Zn 5.00	白
	75.00	–	3.75	16.25	–	Zn 5.00	白
	75.00	–	3.00	17.00	–	Zn 5.00	白
	75.00	–	3.50	16.50	–	Zn 5.00	白
	75.00	–	2.20	17.30	–	Zn 5.50	白
15K	62.50	19.50	–	12.00	–	Zn 6.00	白
	58.50	–	23.40	12.20	–	Zn 5.90	白
	58.50	–	25.50	10.00	–	Zn 6.00	白
14K	58.50	–	20.00	14.50	–	Zn 7.00	白
	58.50	–	25.80	15.30	–	Zn 0.40	白
	58.50	–	21.00	15.00	–	Zn 5.50	白

第三节
彩色金合金

彩色金合金，即K金的应有金含量不变，根据所需的合金颜色，加入其他的金属。熔炼合成后的合金颜色有多种，用来制作一些特制的饰品，但其中的某些颜色，使用的范围却很小。

彩色K金的组成与颜色（%）

彩色金	金 Au	银 Ag	钯 Pd	铜 Cu	镍 Ni	锌 Zn	铝 Al	镉 Cd	铁 Fe	K金颜色
22K	91.70	4.20	–	4.10	–	–	–	–	–	金黄
	91.70	8.30	–	–	–	–	–	–	–	淡黄
	91.70	–	–	8.30	–	–	–	–	–	橙红
18K	75.00	5.00	–	5.00	5.00	10.00	–	–	–	白
	75.00	12.50	–	12.50	–	–	–	–	–	深黄
	75.00	8.00	–	17.00	–	–	–	–	–	浅红
	75.00	–	–	25.00	–	–	–	–	–	红
	75.00	–	–	–	–	–	25.00	–	–	亮红
	75.00	6.25	18.75	–	–	–	–	–	–	棕红
	75.00	15.00	–	6.00	–	–	–	4.00	–	绿
	75.00	–	–	–	–	–	–	–	25.00	蓝
	75.00	–	–	8.00	–	–	–	–	17.00	灰
14K	58.50	22.40	–	14.10	5.00	–	–	–	–	白
	58.50	15.00	–	26.50	–	–	–	–	–	深黄
	58.50	20.50	–	21.00	–	–	–	–	–	淡黄
	58.50	7.00	–	34.50	–	–	–	–	–	红
	58.50	6.00	–	36.65	–	–	–	–	–	橙红
	58.50	–	–	–	–	–	–	–	41.50	黑
9K	37.50	38.50	–	20.00	–	4.00	–	–	–	白
	37.50	11.00	–	51.50	–	–	–	–	–	深黄
	37.50	31.00	–	31.50	–	–	–	–	–	淡黄
	37.50	7.50	–	55.00	–	–	–	–	–	浅红
	37.50	5.00	–	57.50	–	–	–	–	–	红

第四节
银合金

一、银－铜合金

铜和银属于同族元素，而且价格都很低廉，为了改善银在材质上的一些不足之处（如纯银很柔软，对一些款式多变的饰品或银餐具来说，纯银很容易变形），人类很早以前就知道将铜掺入银中能提高银的硬度。距今 800 多年前的英国，就已经将 925 银合金（Sterling）作为标准品位银，当时的银币、银制品几乎都将"Sterling"作为专用词来称呼 925 银（银 92.5%，铜 7.5%）。英镑的英文为"Sterling"，所以 925 银也称为"英镑"银，以狮子头像为标志。将 958 银合金（Britannia）作为第二标准位银（银95.8%，铜 4.2%），也称为大不列颠银，以妇人头像为标志。还有 90% 的银和 10% 的铜合金制作的硬币，这种成色的银称为"硬币银"。而装饰用银的成色都在 800 银合金（80% 银，20% 铜）以上。

银 - 铜合金的优点：

（1）增加了银的硬度，便于手工制作。

（2）机械加工性能良好，能轻易地拉丝、压片。

（3）熔点低，铸造性能良好，合金用途广泛。

银 - 铜合金的缺点：

（1）没有改善银的抗硫化性能。

（2）当含铜量超过 8.8% 时，会生成共晶组织，二元素的耐腐蚀性非常差。

当铜含量低于 14% 时，合金的颜色依然是白色的；当铜含量超过 14% 时，合金的颜色就会由白色变成黄色直至红色。银 - 铜合金在大气中加热会轻易地变黑，但是，通过稀硫酸的浸泡，又会恢复原来的色泽。

二、银－钯合金

在银饰材料中，银有一个很大的弱点，就是材质柔软，在制作款式复杂的首饰和日常使用率较频繁的工具时，它的硬度显然不够。可以通过与铜的配合，熔炼成银 - 钯合金，硬度问题就能解决了。银还有另一个致命的弱点，就是在大气中遇硫会硫化变黑，大大地降低了银制品的美观程度。为了解决银遇硫变黑的问题，人们进行了种种试验，在银的表面电镀上一层铑，就能很好地提高银抗硫化的程度，能较长时间地保持银饰品的洁白和光亮。特别是在 1927 年，美国标准化局经过系统的研究和试验，得出了一个结论：要防止银的硫化，唯一的方法就是在银中加入其他的贵金属。如 40% 以上的钯、70% 以上的金或 60% 以上的铂，就能使银不在大气中硫化。事实上，用这种方法来防止银的硫化变黑，代价实在太高了，所以这种方法没有得到业内的采纳。

银合金饰品

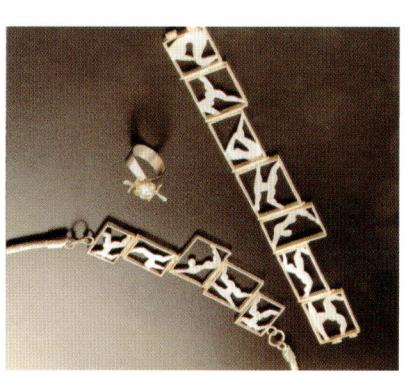
银合金饰品

近年来，意大利和德国的一些贵金属材料公司在此理论基础上，配制出了低含量钯和微量铜、铁、锰、硅等的银补口，熔炼出的 925 银，在很大程度上解决了银变色的问题。但是，到目前为止，还不能完全解决银在含硫的大气中发生硫化变色的问题。

在银合金中，加入低含量的钯、少量的金和微量的铂，这种合金是银饰品用材中较为理想的材料，在机械加工和铸造工艺中具有非常好的性能。

第五节 铂族金属合金

一、铂 – 钯合金

铂 - 钯二元合金，和其他的铂合金有着很明显的不同之处，就是无论在铂中加多少钯，对它的硬度都不会产生影响，如果合金中的钯含量为 25% 时，这时的硬度是所有铂 - 钯合金中最大的，其 HV 硬度为 110。

通常的 Pt900 合金（铂 90%、钯 10%）熔解温度较高，为 1755℃，所以单用一般的煤气不能熔解它，如使用高频或中频熔炼炉则能在数分钟内轻松地将它熔化。这种熔炼方法，目前在贵金属材料配制和铸造工艺中使用很广泛。

铂合金饰品

铂合金饰品

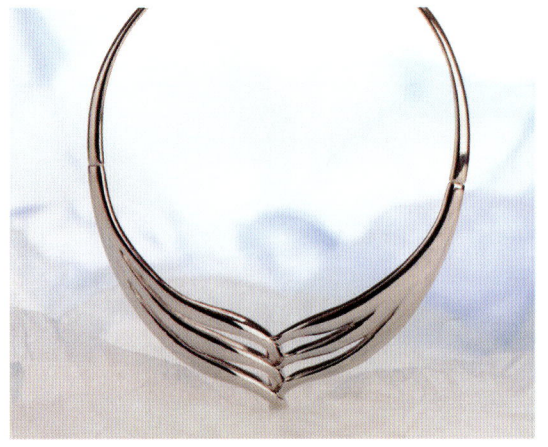

铂合金饰品

铂合金饰品

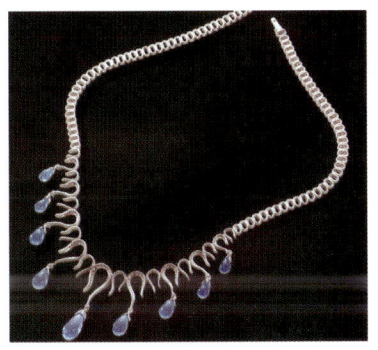
铂合金饰品

铂合金饰品

铂合金饰品

铂-钯合金具有相当好的抗氧化性能，而且它的机械加工性能也非常好，能轻易加工成各种形状的型材。在失蜡浇铸工艺中，可在 1850℃左右的温度下进行铸造，缓缓流动的熔化合金能保证铸件的完整。但是，铂-钯合金在铸造中比较容易出现"砂眼"，尤其是在水口或产品的两端处较为集中，所以整体相同厚度的设计是很重要的。

因为铂-钯合金具有很好的柔软性和很强的黏性，所以在执模、打磨时会显得较为困难，在后处理过程中，特意使表面的硬度有所增加就变得尤为重要了。

二、铂－铜合金

在铂中加入铜成为铂-铜合金，会使其硬度迅速提高，如在铂中加入 5% 的铜，就能使合金的 HV 硬度达到 120；加入 10% 的铜，HV 硬度会高达 150，但是这种合金会因为退火而表面变色，后可用 10% 的硫酸溶液处理。

如果在铂中加入 3%～5% 的铜，不但加工操作性能良好，而且能得到相应的硬度。通常使用的是铂 90%、钯 7%、铜 3% 和铂 90%、钯 5%、铜 5% 的合金，可是这种铜达到 5% 的合金很难进行铸造工序，如在赤热的状态下锤打，容易破碎，而在低温状态下锤打，材料又显得坚硬。

铂-铜合金的熔解温度在 1740℃左右，在大气中很难熔解，不适合浇铸，很容易出现"砂眼"，这也是铸造后的成品比较脆的原因。铂-铜合金只能在真空铸造机中进行浇铸，而且必须进行惰性气体保护，熔解温度为 1850℃左右。

三、铂－金合金

铂-金二元合金，因为其熔炼后在凝固时的温度范围很大，所以很难形成均一的组成，这种合金在 1258℃时，两种金属会出现二相分离状态，必须在高温的状态下进行急速冷却。如果不这样做，合金材料就会变得又硬又脆。

通常使用的铂-金合金为铂 95%、铜 5% 和铂 90%、钯 5%、铜 5% 的合金材料。

铂 90%、铜 10% 的合金，其 HV 硬度达到 135，机械和手工加工性能均良好，熔解温度为 1710℃，铸造温度为 1810℃。

这种合金具有能被时效硬化处理的特征，也就是所说的钢铁的硬化处理。将合金置于 400℃的温度下进行数小时的热处理，铂 90%、金 10% 的合金 HV 硬度就能达到 300。

四、铂－银合金

由于铂和银的熔点相差太多，银在形成合金的过程中会大量地挥发，而铂却未达到它的熔点，这时金属间的化合物就会产生。所以，铂和银很难形成均匀的合金。如在真空的环境中熔炼，银熔化后加以一定量的保护气体，这种情况就会得到改善。但是目前已几乎不再用铂-银二元合金来制作饰品了。

五、铂 – 钌合金

在铂中加入钌，能使材料的硬度得到大幅度的提高。当钌的含量为 4% 时，合金的 HV 硬度达到 120；当钌的含量为 8% 时，HV 硬度达到 160；当钌的含量为 11% 时，HV 硬度就会达到 200。在铂中加入适量的钌，形成铂 - 钌合金，这种富有弹性的硬性铂族金属合金，很适合一些需要有弹性部件的首饰的制作。但是，钌的熔点很高，为 2400℃，一般的煤气炉很难将钌熔化，需要在高频炉中才能熔化钌，并且在熔化过程中须用气体保护才能避免钌的氧化，另外，普通的酸和王水无法溶解钌，所以，钌的回收、提纯也较麻烦。

六、铂 – 铱合金

铂 - 铱合金是铂合金中最古老的合金，传说这种合金曾被制作成王冠。在首饰材料中，一般使用的含铱合金为铂 90%、钯 5%、铱 5% 和铂 95%、钯 3%、铱 2% 的三元合金及铂 90%、铱 10% 的二元合金。

铂 90%、铱 10% 的二元合金的 HV 硬度达到 130，熔金温度为 1800℃。在含铱的铂合金中，因为铱能使合金的硬度得到显著的提高，所以一般的含铱量不超过 30%。

七、铂 – 钨合金

钨，灰黑色的晶体，质硬且脆。在铂中加入适量的钨，是一种适合于有弹性材料的铂合金。在铂 - 钨合金中，铂 90%、钯 5%、钨 5% 的饰品在日本很普遍，它的 HV 硬度达到 150，在所有的铂合金中是最适合于手工制作的优良合金。

铂 - 钨合金，它的压片、拉丝的作业性都很强，但是在大气中较难熔解，必须在真空的环境中并加以惰性气体的保护才能进行熔炼作业，熔解温度为 1860℃，若要铸造，熔解温度须在 1960～2060℃范围内才有效。

八、铂 – 钴合金

这是一种最适合铸造的铂合金。在铂中加入钴，硬度迅速上升，和铂 - 钯合金相比，加上 3% 的钴，约 1.5 倍的 HV 硬度达到 110；如果加入 5% 的钴，约 2 倍的 HV 硬度达到 140。通常使用的铂 - 钴合金为铂 90%、钯 7%、钴 3% 和铂 90%、钯 5%、钴 5% 的合金。另外，在素铂金饰品材料上，铂 95%、钴 1.5%、铜 3.5% 也是一种较理想的合金，这种合金不但易于加工，而且价格较其他铂合金来说要低得多。

含钴的铂合金熔解温度在 1700～1720℃左右，铸造温度在 1820℃时即可操作。熔化后的金属流动性较好，而且钴的自身脱氧性能很好，浇铸后的产品针孔很少。

钴在增加铂的硬度的同时也提升了合金的切削性，所以在后道工序中能很容易地增加它的光泽。

第六节
首饰用铂合金材料特性

日本常用铂合金材料性质与用途

品位	合金组成（%）	固相线温度（℃）	液相线温度（℃）	硬度（HV）	密度（g/cm³）	主要用途
Pt950	Pt95，Cu5	1725	1745	120	20.6	铸造用，一般用材
	Pt95，Cu 和其他	1600	1600	380	19.4	铸造用，手工加工用硬材料
	Pt95，Ir5	1790	1800	90	21.5	技艺用，一般用材
	Pt95，Au5	1720	1755	90	21.3	手工加工用材
Pt900	Pt90，Pd10	1740	1755	70～75	20.8	铸造用，手工加工用软材料
	Pt90，Pd5，Cu5	1710	1730	110～130	20.5	手工加工用，一般用材
	Pt90，Pd7，Co3	1730	1740	110～125	20.4	铸造用，手工加工用，一般用材
	Pt90，Pd5，Co5	1720	1735	140～150	20.0	铸造用，手工加工用硬材
	Pt90，Pd7.5，Ru2.5	1760	1770	110～120	20.9	铸造用，一般用材
	Pt90，W 不详，其他	1840	1860	150	20.9	手工加工用硬材，搭扣、胸针用
Pt850	Pt85，Pd15	1730	1750	85～90	20.5	铸造用，手工加工用软材
	Pt85，Pd10，Cu5	1732	1750	120～130	20.3	手工加工用，一般用材
	Pt85，Pd12，Co3	1720	1730	120～135	20.1	铸造用，手工加工用，一般用材
	Pt85，Pd10，Co5	1710	1730	140～150	19.9	铸造用，手工加工用硬材

欧美常用铂合金材料性质与用途

铂合金	国名	固相线温度（℃）	液相线温度（℃）	硬度（HV）	密度（g/cm³）	主要用途
Pt-Cu4.5%	英国 美国 德国	1725	1745	120	20.6	铸造用，一般用材
Pt-Ru4.5%	英国 美国 德国	1780	1795	130	21.1	一般用材
Pt-Au4.5%	英国 美国 德国	1720	1755	90	21.3	丝材用，精致的手工加工用软材
Pt-Co4.5%	英国 美国 德国	1750	1765	150	20.6	精密铸造用，手工加工用
Pt-Ir4.5%	美国 德国	1790	1800	130	21.5	手工加工用，一般用材

第3章

配料

首饰制作工序中的配料（行业中也称为前道工序），是指将不同元素的金属材料，按一定的配比，在熔金炉中熔化合成为多元合金材料，再进行物理加工，使之成为手工或铸造等工序所需的各种形状的型材。主要有板材、片材、丝材和管材等。

第一节 熔炼

一、熔金炉

在首饰制作行业中，熔化金、银、铂等贵金属及其合金的炉子，习惯上统称为熔金炉。熔金炉一般分为高频熔金炉、中频熔金炉、真空熔金炉和电阻熔金炉等。

1. 高、中频熔金炉及操作方法

高、中频熔金炉可根据需要，选择金属量的多少，一次熔金量通常有1～5kg不等。具有熔金速度快、操作方便、温度高等特点。最适合铂合金及铂族金属的熔炼。

（1）检查熔金炉各部位的电源及冷却系统是否正常，尤其是熔金炉加热线圈的屏蔽装置和接地线是否完好。

（2）开启冷却装置。

（3）装填坩埚。将所需不同元素的金属（片状、条状、粉状）放入坩埚，注意将高熔点的金属放置在贴近坩埚壁的位置，将低熔点的金属放置在坩埚的中心部位。

（4）用坩埚钳将装填好金属的坩埚放入熔金炉加热线圈中央。

（5）开启加热电源。先用低电流加热10～20秒进行预热，这样能有效地延长坩埚的使用寿命和缩小粉状金属在坩埚中的体积。然后再将电流调至所需范围。

（6）观察炉中金属熔化状况，如见金属呈支架状撑在坩埚壁上而不落于埚底（俗称搭棚），需用耐高温石英搅棒将其轻轻地拨入埚底。切记千万不能使用金属搅棒。如果熔化的是铂族金属，必须戴好防护墨镜才能观看熔化后的金属，以免耀眼的金属强光灼伤眼睛。

（7）待坩埚内的金属全部熔化后，这时可见呈液态的金属在不断地翻动，1～2分钟后，扳下倒模手柄，将坩埚中的液态金属倒入预先放置好的石墨槽或带有循环冷却装置的铜模槽中。

（8）待模槽中的液态金属凝固成固态合金块后，取出金属合金块。

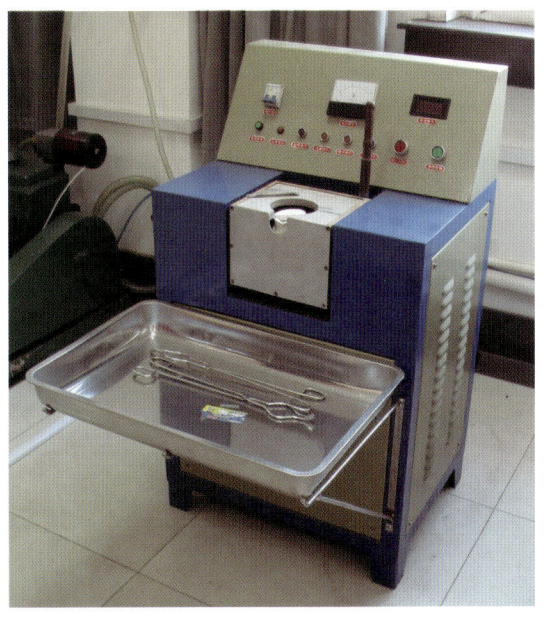

中频熔金炉

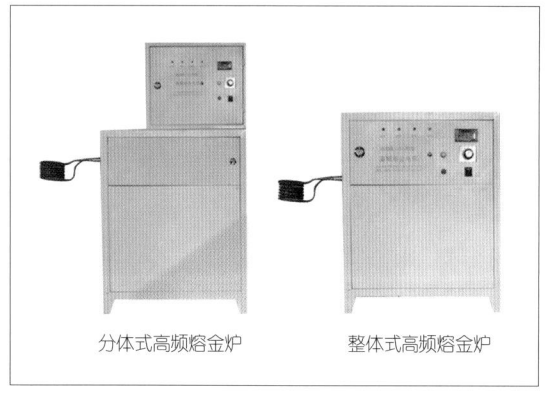

分体式高频熔金炉　　整体式高频熔金炉

（8）关闭加热电源，合金凝固后关闭保护气体。

（9）打开炉膛进气阀，打开炉盖，用坩埚钳取出坩埚及合金。

3. 电阻熔金炉及操作方法

电阻熔金炉也叫电阻坩埚炉或桶式电阻炉，通常用于熔化K金和银合金及纯金、纯银回材的并块、金和银焊料的配制。操作简单、方便，可根据需要，选择1~5kg坩埚容量的熔金炉进行作业，通常使用的电阻熔金炉的最高炉温为1200~1400℃。所以，它只能熔化金、银及其合金，而对于铂等铂族金属，电阻熔金炉就无能为力了，铂等铂族金属的熔化只能在中、高频炉中进行。

电阻熔金炉属于非封闭式的熔化炉，在熔化金属的过程中，会有一定量的空气浸入，极易造成合金的氧化，而氧化过的合金在压延和拉丝过程中，往往会出现脆皮、开裂等现象，这种现象在低成色的K金和银合金中尤为严重。所以，使用电阻熔金炉熔化配制K金和银合金的过程中，利用木炭或硼砂胶进行表面空气隔断保护，就可减少或避免这种现象的出现。

（1）检查电阻熔金炉的接线是否规范，热电偶是否放正。

（2）打开电源，在温度控制仪上将炉温调至所需温度，进行预热。

（3）在相应规格的坩埚中放入已称量的金属材料，用坩埚钳将坩埚放入炉中，坩埚与炉膛壁之间应当有3cm以上的间隙。

（4）金属熔化后，根据需要加入木炭或硼砂进行空气阻隔保护，并用耐高温石英棒进行搅拌，以保证合金含量的均匀。

（5）加热铸模或油槽，熔化后的合金保温3~5分钟。

（6）取出坩埚，同时用火枪对坩埚进行跟火以阻隔空气的浸入。

（7）将合金熔液倒入铸模或油槽中，冷却凝固后

2. 真空熔金炉及操作方法

在配制贵金属合金过程中，我们往往会因为熔炼后的合金在压延和拉丝等工序中发生开裂现象而困惑。这除了有压延及拉丝工序中的某些因素外，很大程度上是由于在合金配制熔化过程中部分金属的氧化造成的。我们知道，钯、铱、钌等金属在熔化过程中会吸收大量的气体，金合金中的铜和银合金中的补口，在熔化过程中也会因空气中的氧而发生氧化，被氧化后的合金质地疏松、韧性极差，在铸造中会产生大量细密的针孔，对后道抛光工序也会产生很大的影响。

如果将这些合金放置在真空熔金炉中熔化，并加以惰性气体的保护，将会在很大程度上避免合金的氧化。真空熔金炉中配制的合金质地紧密，并有着良好的金属韧性，铸造后的产品针孔极少。所以说，真空熔金是目前较为理想的合金熔炼炉。

（1）检查真空熔金炉各部位装置是否完好，特别是真空密封圈、抽真空泵、惰性气体等是否正常。

（2）将所需的各种单元素金属放入坩埚中。

（3）用坩埚钳将坩埚放入熔金炉加热线圈中央。

（4）关闭炉盖，关闭炉腔进气阀，开动抽真空泵，观察真空表。

（5）炉腔中的空气全部抽完后，开启加热电源开关，调至所需电流范围。

（6）关闭抽真空泵，同时开启惰性保护气体阀。

（7）从观察孔中观察坩埚中的金属（如是铂族金属，须戴好防护眼镜），待全部熔化后，保温1~2分钟。

除去合金块上的木炭屑或硼砂胶。取出合金块进行下一道工序的加工。

二、坩埚

坩埚是用来熔化金属或其他物质的盛器,具有材质轻、耐高温等特性。

根据熔化炉和熔化方法的不同,坩埚的形状有直筒式、卧槽式、塞棒式等多种形状。而根据贵金属材料的不同,所使用的坩埚材质也应有所不同。如铂金材料在熔化过程中极易被污染,所以,熔解铂金必须避免使用碳素系的坩埚。因为哪怕在铂金中混入少量的含碳物质,都会使铂金变脆,从而影响铂金的使用价值。熔解铂金及铂族金属合金应使用高纯度的氧化铝或氧化锆坩埚。

在贵金属熔炼过程中,常用的坩埚有以下几种:

(1)氧化锆坩埚

(2)二氧化硅坩埚

(3)石墨坩埚

(4)氧化铝坩埚

(5)泥土、陶土坩埚

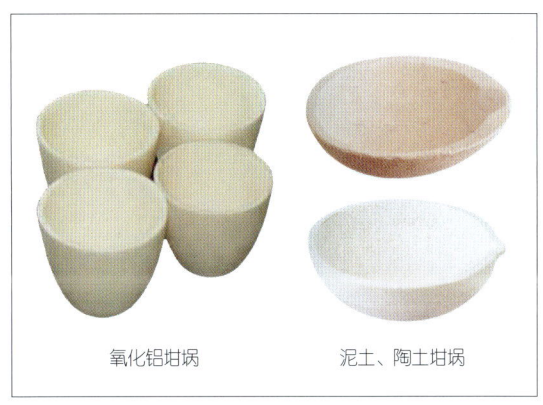

氧化铝坩埚　　　泥土、陶土坩埚

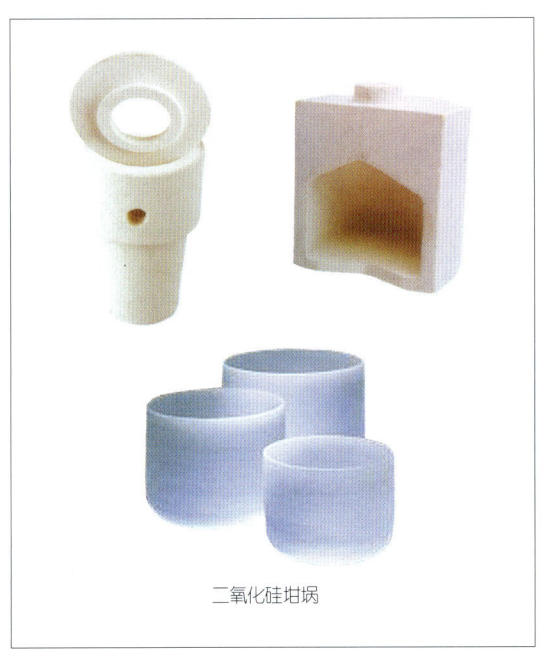

二氧化硅坩埚

三、铸模（油槽）

铸模也叫油槽,是贵金属材料经熔金炉熔化后,将贵金属液体铸入有特定形状的金属或非金属的模型。它们通常由铸铁、纯铜和石墨等制作而成。在形状上主要分为块(板)料模和棒(丝)料模两类。块(板)料铸模又有卧模和立模之分,而棒(丝)料铸模几乎全是用立模来倒料的。

■ 1. 铸铁模

是一种较传统的铸模,用生铁翻砂而成,内壁经过磨光平整,放入300～500℃的火中烘烤,约1小时后取出,在内壁上涂抹一层机油,再放入火中烘烤,再涂抹机油,反复多次,直到铸模的内壁上结上一层黝黑铮亮的油垢,最后再抹上一层凡士林即可。

此种铸模热膨胀系数极小,所以贵金属凝固后脱模非常容易。但凝固后的贵金属表面平整度较差,可通过机械压延来解决。适合于金、银及其合金的熔化倒模。

■ 2. 钢铁模

用钢铁材料经金加工制作而成,须经加热并在内壁上涂抹机油或食用油后才能使用,有一定的热膨胀系数。如用整体铸模时,倒模后脱模较难,可采用分体开启式铸模来解决这个问题。适合于金、银及其合金和器材的熔化倒模。

3. 纯铜模

用纯铜制作，铸模中空。模体中空间须有循环冷却水冷却。适合较大量的铂族金属及其合金的熔化倒模。

4. 高纯度石墨模

由高纯度石墨制成，适合中、高频熔金炉熔化铂族金属及其合金的熔化倒模。此种铸模根据需要，有多种形状。

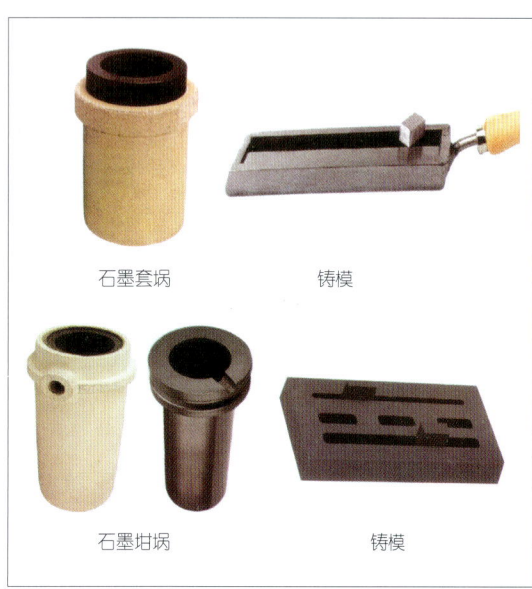

石墨套埚　　　铸模
石墨坩埚　　　铸模

四、板材的熔炼

在贵金属首饰材料的配制过程中，板材是最基本的型材之一。在机制或手工制作所需的片材中，无论厚度是多少，都是由它的母材——铸块经过多次压延而成的。

1. 纯金（银）板材的熔炼

在纯金（银）饰品的制作过程中，经过剪裁、冲压、浇铸等工序，往往会残留下大量的边角料，浇铸树干、残次品等金（银）回材，这些未经污染过的高纯度金（银），只要经过熔化并块后，又能继续使用，避免了不必要的浪费和提纯中的损耗。

（1）选择未经低成色金（银）使用过的坩埚，放入适量的回材。

（2）检查熔金炉各项装置是否处于正常状态，放入坩埚。

（3）开启熔金炉电源，将炉温调至金900℃，银800℃。

（4）待坩埚中的金（银）全部红透后，再将炉温调至金1150℃，银1050℃。

（5）待坩埚中的金（银）全部溶解后，将炉温降至金1100℃，银1000℃，保持3～5分钟。同时将铸模加温、抹油。

（6）用坩埚钳取出坩埚，将金（银）液缓缓倒入铸模中。

（7）待金（银）凝固后，表面的亮红色全部退去，从铸模中倒出金（银）块，放入水中继续冷却。

2. K金板材的熔炼

在熔炼K金材料前，先要根据K金材料的用途，如浇铸用材、手工制作用材及制链用材等选择相应的补口，或者根据需要预先配制好除纯金外的其他金属作为补口，并对自配的补口做好金属含量记录。

不同成色的K金，在熔炼中所使用的坩埚要分开，并做好标志，以便区别。一个坩埚只能使用一种成色材料的熔炼，千万不能将不同成色材料的熔炼都用同一个坩埚来完成，否则将造成熔炼后的材料出现成色上的偏差。

（1）将已按配比称重好的纯金放入坩埚中，将坩埚放进熔金炉中，打开熔金炉电源。

（2）待炉中坩埚内的纯金渐渐发红，尚未熔化时，加入称重后的补口。

（3）加少量的无水硼砂，继续加温。

（4）当坩埚中的纯金和补口全部熔化后，用耐高温石英搅棒或石墨搅棒对熔化后的合金熔液进行充分搅拌。

（5）加入适量的硼砂胶或木炭，用熔化后的硼砂胶或燃烧后的木炭将合金熔液与空气隔绝。

（6）盖上炉盖或坩埚盖，保温 3~5 分钟。

（7）预热铸模，给铸模内壁抹上机油或凡士林。

（8）取出坩埚，将合金熔液注入铸模中。

（9）等合金上覆盖的硼砂胶凝固后，除去硼砂胶，倒出合金块。

（10）这时的合金（K 金）块不能立即放入冷水中冷却，应自然冷却 5 分钟后才能放入水中继续冷却。

（11）除净合金表面上的硼砂，进行下一道工序的操作。

五、丝材的熔炼

丝材，也是贵金属材料中的一种基本型材，除了大量用于机制链、手工制链外，在手工起板、零部件的制作中也离不开各种规格的丝材。

所有贵金属的丝材，都是由它的母材——棒材通过轧条、拉丝而成的。所以说，丝材的熔炼其实就是棒材的熔炼。

■ 1. 纯金（银）丝材的熔炼

（1）如所熔纯金（银）都是新料时，无论何种形状都可一起放入坩埚中进行熔化。

（2）如所熔纯金（银）中有部分"旧料"（如车花屑或拉丝工序中的丝头等）时，先将"旧料"放入坩埚中熔化。

（3）待坩埚中"旧料"全部熔化后，再慢慢加入新料，继续加温。

（4）待炉内坩埚中的纯金（银）全部熔化后，用耐高温搅棒搅拌，保温 3~5 分钟。

（5）将立式铸模（竖模）加温，并在内壁抹上机油。

（6）将熔化后的金（银）液注入立式铸模中。

（7）等金（银）凝固后，打开铸模，取出金（银）条放入水中冷却。

■ 2. K 金丝材的熔炼

● 新料的配制

（1）将已称量好的纯金和补口一起放入坩埚中，置于熔金炉中进行加温。

（2）待坩埚中材料微红时，加入适量的无水硼砂，继续加温。

（3）待坩埚中合金全部熔化后，进行第一次搅拌。

（4）保温 2~3 分钟，进行第二次搅拌。

（5）继续保温 2~3 分钟，同时对立式铸模进行加温，并在内壁抹上机油。

（6）取出坩埚，将合金熔液注入立式铸模中。

（7）冷却 2~3 分钟后，将铸模连同模中的合金一起放入水中冷却。

（8）打开铸模，取出合金棒材。

● 新、旧混合料的配制

（1）将旧料放入坩埚中，进炉加温。

（2）随着炉温的不断升高，会有少量的烟气溢出，这是旧料中所含的油渍和灰尘所致。

（3）炉温升至 600℃左右时，保温 1~2 分钟。

（4）炉中无烟气后，继续升温。

（5）待旧料全部熔化后，慢慢地加入新料（或纯金和补口）。

（6）合金全部熔化后，加入少许生硼砂，吸附合金熔液表层的杂质并及时取出硼砂团。

（7）保温 2~3 分钟，同时将立式铸模加温，并抹上机油。

（8）将合金熔液注入铸模中。

（9）2~3 分钟后，将铸模连同合金一起放入水中冷却。

（10）如所配的合金含量低于 14K 金或补口中的铜元素高于银元素时，冷却过程中不能将其放入冷水中冷却，而应由其自然冷却或放入开水中冷却。

六、铂的熔炼

铂属于贵金属中的铂族金属，由于其熔点较高，一般的电阻熔金炉是不能将铂和铂合金熔化的，所以熔化铂和铂合金只能使用中、高频熔金炉。

1. 纯铂的熔炼并块

在纯铂首饰的制作过程中，除了一些细小的锉末和砂纸末需要重新提纯回收外，一般的未经污染的边角料及浇铸回材等均可通过熔炼并块后继续使用。

（1）将铂回材根据形状大小有序地装填进坩埚。

（2）片材铂应竖立置放于坩埚壁处。

（3）坩埚中的铂料放置应紧密，中间不可留有较大的空隙，以免在熔化过程中"搭棚"。

（4）如熔化经提纯后的海绵铂，海绵铂一定要洗净酸液、烘干后才能熔化并块。

（5）将已装填铂料的坩埚放置于熔金炉的加热线圈中。

（6）检查铸模是否放置正确。

（7）开启熔金炉电源开关。

（8）启动水冷却装置，打开加温开关，进行升温。

（9）戴上防护眼镜，观察坩埚中的材料。

（10）在熔化过程中，如发现所熔材料有"搭棚"现象，应及时用耐高温石英棒轻轻拨动材料，使其沉于坩埚底。

（11）铂材料全部熔化后，保温1~2分钟。

（12）扳下熔金炉倒料手柄，将铂熔液倒入铸模中，同时熔金炉自动切断加温电源。

（13）冷却后取出铂块。

2. 铂合金的熔炼

（1）按配比称出所需合金的材料的重量。

（2）装填坩埚时应将熔点高的材料放置于贴近坩埚壁处，低熔点的材料放置于坩埚中间。

（3）检查铸模是否放置正确。

（4）将坩埚放入熔金炉的加温线圈中。

（5）开启熔金炉电源。

（6）开启水冷却装置。

（7）开启加温电源，并戴好防护眼镜。

（8）观察坩埚中的材料，材料熔化后，用耐高温石英棒轻轻搅拌。

（9）向坩埚中注入保护气体，继续加温。

（10）待坩埚中的合金呈翻滚状态，并散射出炽白的颜色后，向铸模内注入保护气体。

（11）停止坩埚中的保护气体，并立即扳下熔金炉上的倒料手柄，将铂合金熔液注入铸模中。

（12）待铸模中的铂合金凝固后，关闭铸模口的保护气体。

（13）冷却后取出铂合金块。

七、钯的熔炼

1. 海绵钯的熔炼并块

海绵钯是含钯合金、含钯合金回材、含钯收集物及含钯矿物等通过化学提炼、分离后得到的高纯度的粉状钯。海绵钯需经过高温熔炼后才能得到首饰制作所需的金属钯。因海绵钯具有极强的吸氢性，所以，要想得到理想的金属钯，海绵钯的熔炼必须在真空状态下才能完成。

钯在高温时易与碳起反应形成碳化物。因此，不能使用石墨坩埚，否则经熔炼后的金属钯极易变脆，一般使用氧化物耐火材料制作的坩埚，如石英和刚玉。

（1）清洁真空熔金机，检查熔金机的电源、真空泵、保护气体装置等是否正常，并开启水冷却装置。

（2）用小勺将海绵钯轻轻地装入坩埚中。

（3）将坩埚放入熔金炉加温线圈中，开启加温电源。

（4）这时，坩埚内海绵钯中的微量水分会快速蒸发，同时海绵钯的体积也会迅速缩小。

（5）关闭加温电源，继续向坩埚内填装海绵钯。

（6）再次开启加温电源，海绵钯的水分再次蒸发，海绵钯的体积也再次缩小，反复几次，直到将所计量好的海绵钯全部装入坩埚，并开启电源加温，将海绵钯中的水分全部蒸发掉。

（7）关闭加温电源，关闭真空熔金炉盖，开动抽真空泵。

（8）待炉膛中的空气全部抽完，开启加温电源，熔化海绵钯。

（9）关闭抽真空泵，向炉中充入保护气体，使熔化过程中的钯得到活化。

（10）从熔金炉上方的观察口观察熔化中的钯。

（11）坩埚中的钯全部熔化后，保温1分钟。

（12）关闭加温电源，继续充保护气体。

（13）观察钯熔液凝固后，关闭保护气体。

（14）开启炉膛进气阀，打开炉盖，取出坩埚。

（15）从坩埚中倒出冷却后的金属钯。

第二节　压延、轧条

所谓压延，是将压轧材料供给到旋转的轧辊间隙中使金属延伸的工序。

一、压延机

压延机

压延机，又称轧机、压片机。它是首饰材料在前道物理加工中不可缺少的机械设备，它主要由轧辊、变速齿轮、万向接头、电动机和作业平台组成。在压轧过程中，压轧材料最终完成的厚度是由轧辊直径的大小而定的，即厚制品的压轧采用粗直径的轧辊，薄制品的压轧采用细直径的轧辊。

一般常用的压延机大多是二重式轧机，即上、下两个轧辊。如果压轧极薄的且宽度又大的材料，二重式轧机所轧出的材料在厚度上是很难达到均一程度的，而这时就必须使用多重式轧机才能得到理想的片材。

常用的二重式轧机，它的轧辊直径与宽度之比通常为1:1～1:1.5。在贵金属材料压延工序中，最理想的轧辊直径与宽度之比为纯金、纯铂、纯钯1:1.5，金、银、铂合金1:1.25。

二、轧条机

轧条机的机械结构、工作原理基本上与压延机相同，所不同的在于轧辊的区别。压延机的轧辊表面光洁平整，有些甚至是镜面的，而轧条机的轧辊表面则由一排排宽度、深浅不一的轧槽有序地排列组成。

压延机所供给的材料是片状或薄块状的，所得到的型材也是由厚至薄的片材。而轧条机所供给的材料是条状或棒状的，所得到的型材是由粗到细的棒材或较粗的线材。

三、两用压轧机

两用压轧机的机械结构和工作原理与压延机、轧条机完全相同，只是在轧辊上作了改进，将压延机与轧条机的轧辊合二为一。在同一对轧辊上，一半宽度的轧辊是平面，作为压延之用；另一半宽度的轧辊则由一排排轧槽组成，作为轧条之用。

轧条机

第三节 拉丝

拉丝是粗直径的金属材料供给到拉丝模或拉丝板的丝孔中，利用拉丝机的拉力，使金属丝的直径由粗到细的延伸工序。

一、拉丝机

拉丝机有单头拉丝机和多头拉丝机之分。单头拉丝机一次只能拉伸一个规格的丝径，而多头拉丝机一次则可拉伸几个或十几个规格的丝径。拉丝机的拉伸转速也有定速和可调速之分，通常多头拉丝机的拉伸速度都是可调的。

拉丝机主要由电机、变速装置、丝头夹具、绕丝筒、丝模夹等组成。

二、拉丝模、板

拉丝模的种类根据其材质和丝孔形状通常可分为合金拉丝模、聚晶拉丝模、金刚石拉丝模及异形拉丝模。每一个拉丝模只有一个丝孔，丝孔的精度很高，适合高精度规格的拉丝作业。

拉丝板的丝孔材料由高质合金制成，丝孔的形状也有多种，每块拉丝板的丝孔多达几十个，在首饰手工作业中应用范围很广。

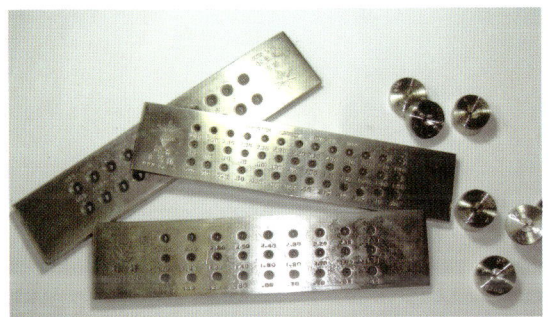

拉丝模、板

第四节
压延、轧条、拉丝作业

一、压延作业

（1）检查压延机所使用电源的电压与作业场电压是否一致。

（2）检查压延机的接地保护装置是否完好。

（3）确认上、下轧辊间距是否平行，如不平行，应用塞尺及时调校。

（4）确认所需压延材料的厚度是否符合压延机轧辊间距的最大限度。

（5）确认所需压延材料的宽度应小于轧辊宽度的四分之三。

（6）将上、下轧辊的间距调至所压轧材料厚度的间距。

（7）压轧作业时不能戴手套，衣袖的长度不能超过手背，尽量佩戴袖套，以保证在压轧作业时衣袖不被轧辊卷入。

（8）将材料平放于轧辊前的作业台上。

（9）开动压延机，观察机器运作是否正常，机器转动时应平稳无杂音。

（10）将材料平稳送入轧辊之间，当轧辊咬住材料后，即将手收回。

（11）材料一次压延后，稍微调小一点轧辊间距，

压延金属片

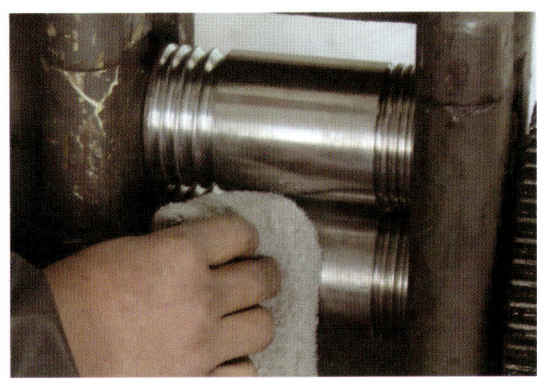

压延结束后及时擦拭轧辊

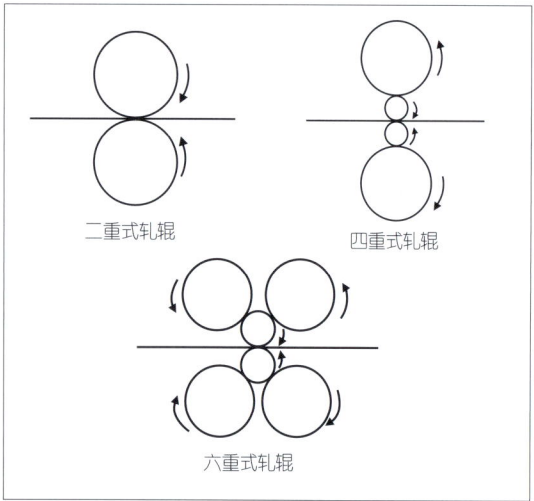

压延机轧辊

二重式轧辊　四重式轧辊　六重式轧辊

每次压轧率不应超过材料厚度的十分之一。

（12）经过压轧后的材料，会相应增加其硬度，根据需要在压轧过程中可进行回火处理。

（13）每次压轧后，都要对材料进行厚度测量，反复多次，直到厚度达到所需尺寸为止。

（14）作业完成后，应及时擦拭轧辊，并定期对轧机进行保养维护。

二、轧条作业

（1）对轧条机各部位进行作业前检查，确认设备完好。

（2）仔细检查熔炼倒模后的棒状材料四周有无披峰现象，如有，应及时将披峰除去。

（3）将轧条机上、下轧辊调至相合，开动轧条机。

（4）将棒材浇头端送入轧条机上最粗的1号轧槽，进行第一次轧条。

（5）将压轧过的棒材纵向90°旋转，再次送入一号轧槽，进行第二次轧条。

（6）每个轧槽须对材料进行二次压轧。第一次压轧后的材料应纵向旋转90°后再进行第二次压轧。

（7）这时材料的截面已略呈方形。

（8）在2号轧槽中重复进行二次压轧，以此类推，直到轧至所需要的尺寸。

（9）在轧条作业过程中，材料同样也会变硬，如继续压轧，极易造成材料的断裂，可通过退火工序加以解决。

（10）每次轧条时，应始终认准将材料同一个端头送入轧槽。

（11）每次作业完成后，须对轧辊进行保洁擦拭。

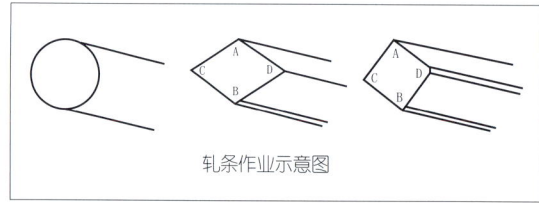

轧条作业示意图

轧条作业

1　将棒材浇头端送入轧条机

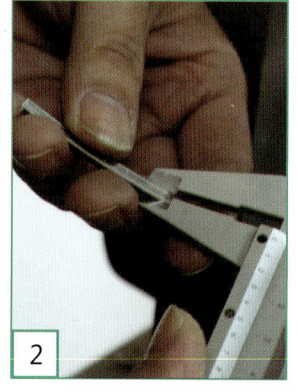

2　在轧条的过程中，用卡尺测量棒材的厚度

3　进行下一次压轧

三、拉丝作业

（1）检查经轧条机压轧后的方丝有无飞边、开裂现象，如有，应及时将方丝除去。因为飞边、开裂的丝料，在拉丝工序中极易产生丝料起皮、断裂，这将直接影响下道工序的使用。

（2）用卡尺测量方丝截面的对角尺寸，选择丝孔小于该尺寸 0.1mm 的拉丝模（板），作为第一次拉丝的丝模（板）。

（3）用铁榔头将方丝的一端丝头敲成尖锥形或用锉刀将其锉成尖锥形。

（4）将尖锥形丝头穿过拉丝模（板）。

（5）将拉丝模（板）嵌入拉丝机的丝模（板）夹槽中，用拔丝钳将丝头拔出 2～3cm。

（6）用拉丝机上的拉丝夹具钳住丝头，开启冷却润滑皂油阀。如是无皂油装置的拉丝机，则需手工加注皂油或机油，以增加丝料与拉丝模（板）之间的润滑。

（7）开动拉丝机，将整根丝料从拉丝模（板）的丝孔中拉出，并同时缠绕于丝盘上。

（8）卸下丝盘上的丝卷，牵出丝头，进行第二次拉丝。重复以上工序，直到将丝料拉到所需直径为止。

（9）直径在 1mm 以上的丝料，每次拉丝模（板）孔径的缩减不应大于 0.1mm；直径在 1mm 以下的丝料，每次拉丝模（板）孔径的缩减不应大于 0.05mm。

（10）在整个拉丝过程中，可根据需要对丝料进行数次回火，以消除丝料在拉丝作业中所产生的应力。

（11）经过作业后的拉丝模（板），都有必要对其用机油进行清洗，除去丝孔中的杂质。

拉丝作业

将一端丝头锉成尖锥形

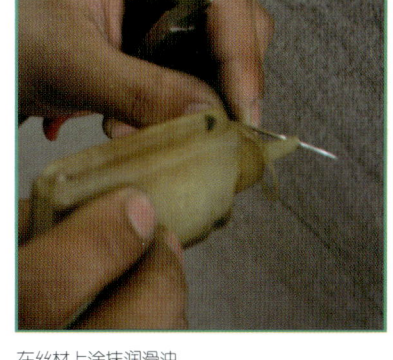

在丝材上涂抹润滑油

将尖锥形丝头一端穿过拉丝模相应直径的孔洞，并用拉丝钳夹住丝材进行拉拔

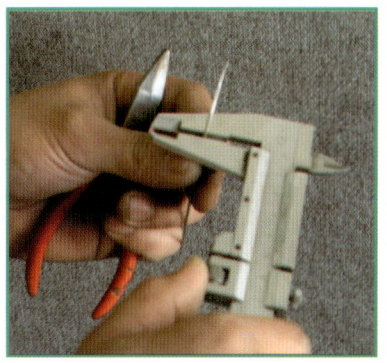

在拉丝的过程中，用卡尺测量丝材的直径，直到获得想要的材料厚度

第五节
退火（回火）

几乎所有的金属在对其进行锤打、拉伸、压延等物理变形后，都会产生一定的应力，而这种应力的存在，往往会对下一道工序的操作产生影响，严重的会使合金材料的边缘产生毛刺，甚至断裂。而合理的退火工艺和适当的退火温度，则能完全改变这种状态。

铂合金在退火过程中具有较强的抗氧化性。因此，无论是传统的火枪还是电炉都可用来退火。专用的退火炉具有很好的稳定性，能使温度得到更好地控制。恰当且稳定的退火温度又能更好地控制饰品零部件的机械加工性能。经过冲压或压延的铂合金材料或零部件在退火处理时，如先在 500～600℃的温度保温 2～3 分钟以消除应力，再将炉温升至所需退火温度，效果会更佳。

除了铂-钯合金外，其他的铂合金都不会发生时效硬化，因此，退火后的铂合金无论由其在空气中自然冷却还是由高温中直接浸入水中冷却，都不会对材料有任何伤害。

金合金或银合金在退火过程中，都会在大气中发生一定的氧化，使其表面生成一层氧化膜。因此，金合金和银合金最好使用真空退火炉来进行退火。

退火的温度并不是绝对不变的，它们在实际操作中随退火次数和退火前的加工程度的不同而有所改变，对大多数金属合金而言，退火温度的摄氏温度值应略高于熔点的开氏温度值的一半。

真空退火炉

退火温度参考

	熔点（℃）	熔点（K）	退火温度（℃）
银合金	850～900	1160	580
9K	800～960	1150	575
14K	850～920	1158	580
18K	900～990	1120	610
纯铂	1772	2046	1023
铂 95%-铜 5%	1725	1998	1000
铂 95%-铱 5%	1780	2053	1030
铂 90%-钯 10%	1740	2013	1010

第 4 章

手工制作基础

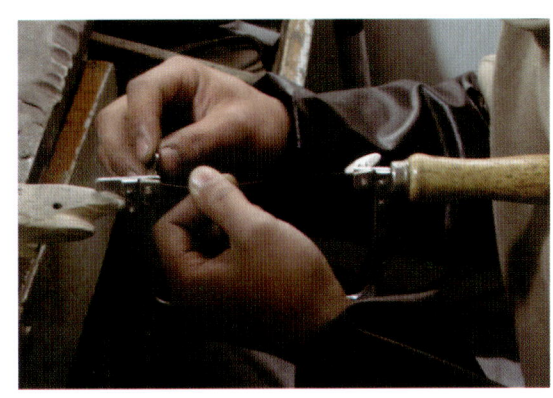

第一节
基本功练习

一、敲(锤打)

贵金属材料在配料工序中经过压延、拉丝或落料后,如需材料的局部再薄一些,圆丝的部分要敲成方丝,将不平整的材料敲平整或敲成异形的情况下,就需要用手工的敲打工序来完成。

在敲打工序中,主要的工具有铁榔头、铁墩、坑铁、窝铁和冲铁等。

1. 铁榔头

铁榔头也叫铁锤,它有多种大小和形状。在首饰制作的锤打工序中,铁榔头的分类主要以重量的不同来称呼,如五分锤、八分锤、一两锤、五两锤等。

在操作中,要根据不同的需要来选择不同大小(重轻)的榔头,榔头太轻,对金属的锤打不起作用,达不到所需的效果。反之,榔头太大、太重,则把握不住锤打的重心和下锤的分量,会使材料过快地变形,甚至报废。

2. 铁墩、坑铁

铁墩也是锤打工序中不可缺少的工具,大小(轻重)多种多样。铁墩的放置通常有两种方法,一种是放置在工作台上的较小铁墩,大多在1公斤左右,呈四方形或圆柱形,也有少量的异形铁墩,适用于小材料、零部件的敲打或饰品的修整。另一种是放置在木桩上或直接放置在地上的铁墩,小到几公斤、大到几十公斤的都有,适用于较大原材料的锻打。

坑铁的作用多种多样,大多数坑铁上有数个大小、深浅不一的圆槽和窝坑,主要用于饰品零部件或手工制作中的材料、半成品的变形。

榔头的种类

胶锤　　凿花锤　　胶锤　　圆头铁锤

铁锤　　五分锤　　木榔头　　铁榔头

3. 锤打练习——敲方丝

（1）截取一段长40mm、直径5mm的圆丝，用火枪进行退火。

（2）左手捏住圆丝的一端，将另一端平放于铁墩上。

（3）右手握住铁榔头，对圆丝进行排列敲打。

（4）榔头敲打圆丝时应有序地将着落点均匀地排列过去，不要东一榔头西一锤，以免造成材料的扭曲变形。

（5）将材料两端对调一下，并继续敲打一遍。

（6）将材料侧转90°，继续以上步骤，反复多次，直到材料的截面呈正方形为止。

（7）在整个敲打过程中，应不断地将材料呈90°侧转，并注意整体形状不能扭曲。

要求：敲成方丝的材料截面应为正方形，四条边线应笔直不能弯曲，四周平面应平整，无明显的锤打痕迹，两端及整体尺寸应一致。

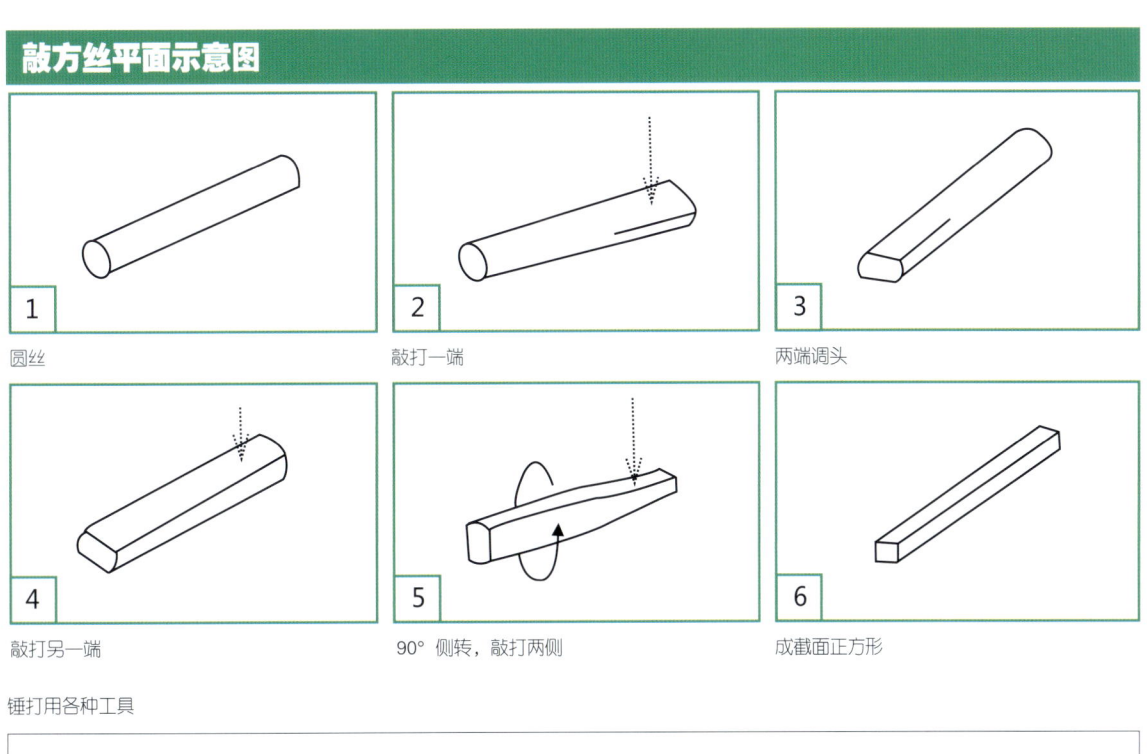

敲方丝平面示意图

1 圆丝　2 敲打一端　3 两端调头
4 敲打另一端　5 90°侧转，敲打两侧　6 成截面正方形

锤打用各种工具

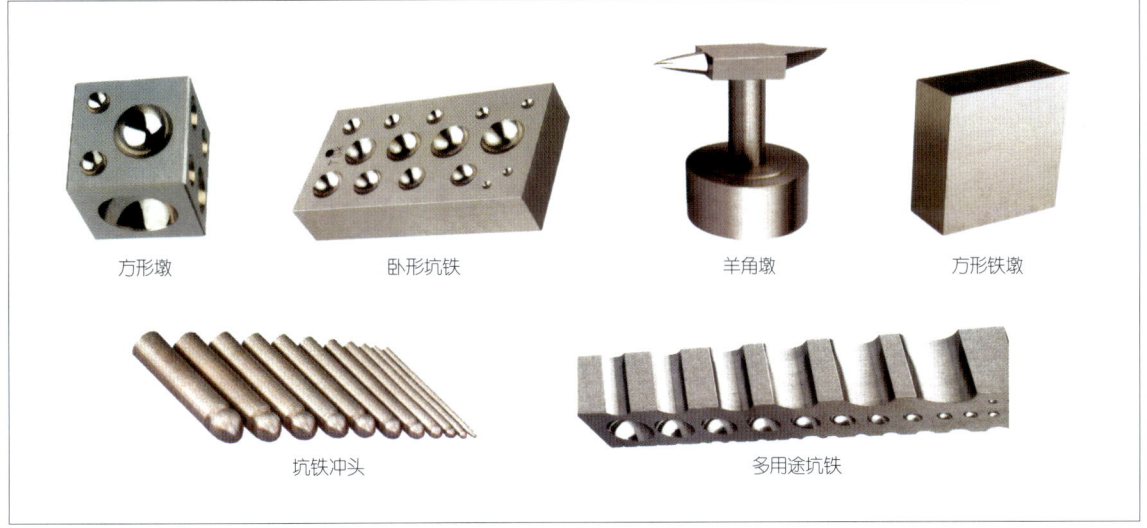

方形墩　卧形坑铁　羊角墩　方形铁墩
坑铁冲头　多用途坑铁

4. 锤打练习二　敲月牙形

（1）截取一块长 40mm、宽 5mm、厚 1mm 的片材，进行退火。

（2）用铁榔头对平放在铁墩上材料宽度的一侧进行有序的排列敲打。敲打时，榔头的前侧稍微翘起。

（3）将材料翻个面，继续以同样的方法进行敲打。

（4）在敲打过程中，可对材料进行退火处理，以消除经敲打后形成的应力。

（5）对材料的两面轮番进行敲打，最终将材料敲打成月牙形。

要求：月牙形要对称，宽度一致，厚度均匀。

敲月牙形

取材、修整

对两侧进行有序敲打

对材料进行退火

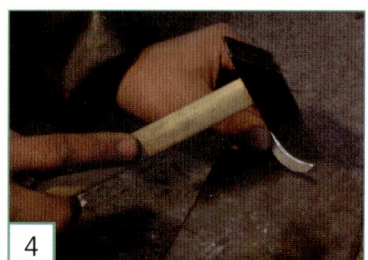
最终的月牙形要对称、均匀

敲月牙形平面示意图

敲月牙形平面示意图

1　片材

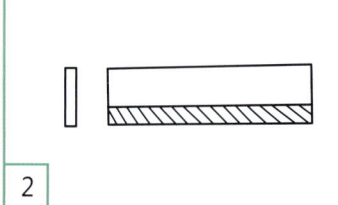
2　敲打斜线部分

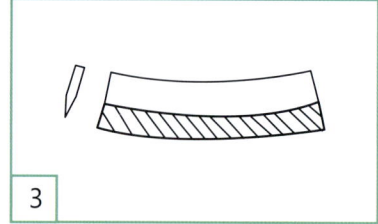
3　略呈月牙形

5　两面轮番敲打

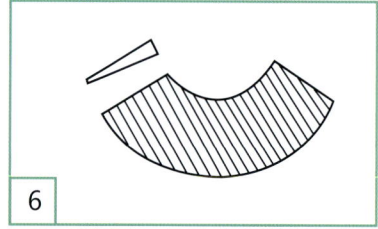
6　呈月牙形

4　翻面继续敲打

二、锉

在贵金属首饰制作中，锉的工序占了相当大的比重，一件手工作品制作得成功与否，往往从锉刀功上就能体现出来，使用锉刀的技艺，是首饰制作的基础。

■ 1. 锉刀

在贵金属饰品整形、打磨、修正尺寸和零配件制作时，使用最多的工具就是锉刀了。首饰制作所用的锉刀种类、规格有很多，一个专业技师在工作中所用的锉刀往往有十几把，甚至几十把，从锉刀的截面形状来分，有平板锉、半圆锉、刀形锉、梯形锉、三角锉、圆形锉、四方锉和马眼锉等。从锉刀的锉齿粗细来分，有快锉、粗齿锉、中齿锉、细齿锉和油光锉等。

■ 2. 锉刀的使用

在使用锉刀前，先仔细观察所要锉的工件形状、大小及要锉的部位，然后选择使用何种形状和规格的锉刀来操作。

在锉的过程中，身体要坐稳，上身略向前倾，两肩自然平行，座椅与工作台的高低要适当。如果被锉的产品或零件因为太小而用手不能将其固定，可选用一些适当的夹具来进行固定。

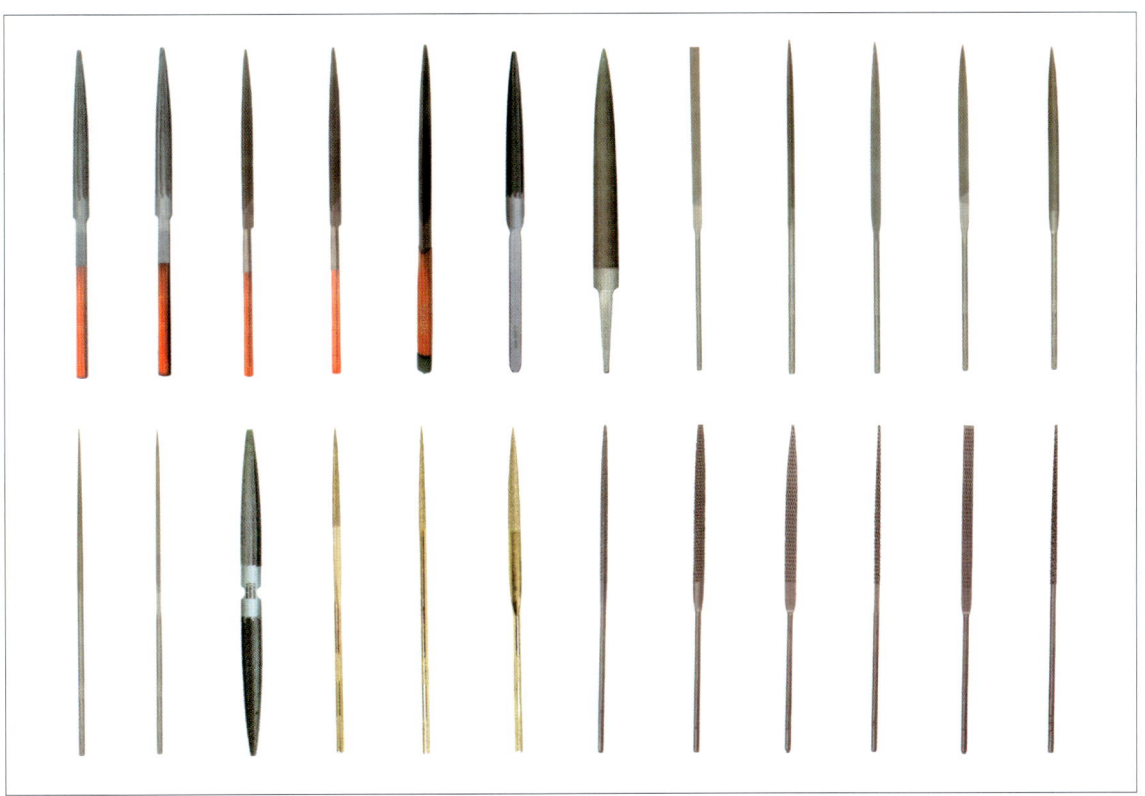

各种锉刀

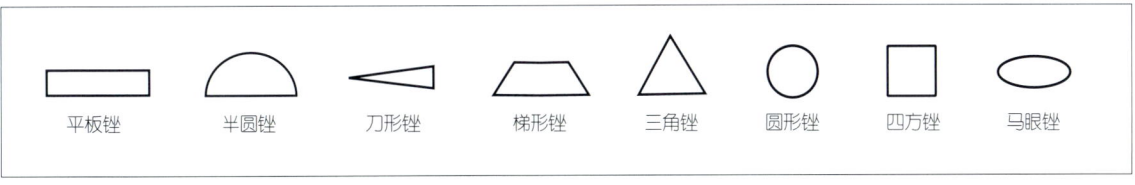

各种锉刀平面示意图

3. 锉练习一　板材边线的锉法

（1）检查工作台前端的锉板安装是否稳定，在锉的过程中，锉板的稳定很重要，它的轻微晃动都会直接影响被锉工件的质量。

（2）左手拇指、食指、中指捏紧板材，掌心朝上，将板材前端紧贴锉板。

（3）右手握住锉刀柄，食指自然抵住锉刀身，掌心贴住锉刀木柄尾部。

（4）将锉刀的平面贴在板材边线上，平衡均匀地往前推。

（5）板材边线与锉刀平面应始终保持垂直。

要求：板材两条边线与板材平面呈 90°，也就是说，板材截面的四个角应为 90°直角，整条板材宽度一致。

板材边线的锉法

4. 锉练习二　戒圈外圈的锉法

（1）将在戒指棒上敲圆后的戒圈，用左手捏住，掌心向上，搁在锉板的前端。

（2）右手握住锉刀，锉刀侧面向上，平面的前端贴紧戒圈的外侧，自里向外，平稳用力把锉刀推出。

（3）每锉数下，左手将戒圈转动一点，使戒圈的整个外圈都能被锉刀锉到。

（4）戒圈转动方向应与锉刀的推动方向相反，以保证外圈的每个部位不被漏锉。

（5）不断观察戒圈的厚度是否一致，必要时可用卡尺来测量。

要求：外圈应流畅自然，表面无明显块面，外圈与内圈要平行、厚度一致。

戒圈外圈的锉法

5. 锉练习三　戒圈内圈的锉法

（1）左手拇、食、中指捏住戒圈外侧，掌心向下，手背微拱。

（2）将戒圈竖起，外圈放在锉板上。

（3）右手握住半圆锉，半圆面朝下，前端伸进戒圈。

（4）平衡地将锉刀向前推进，同时转动右手腕，将锉刀半圆面紧贴戒圈内壁向右转动。

（5）左手将戒圈向前方转动一点，每锉数下转动一次，以保证整个内圈都能被锉到。

要求：戒圈内壁平整，圆势流畅，无明显锉痕块面，内圈与外圈厚度一致。

戒圈内圈的锉法

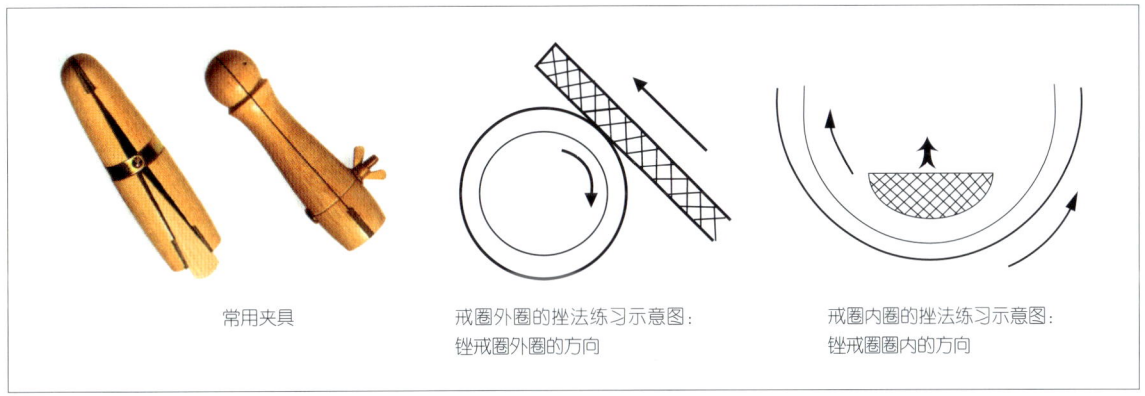

| 常用夹具 | 戒圈外圈的锉法练习示意图：锉戒圈外圈的方向 | 戒圈内圈的锉法练习示意图：锉戒圈圈内的方向 |

三、焊接

■ 1. 焊枪和燃料

焊接工序自然少不了焊枪。首饰制作用的焊枪，通常由铜合金或镀铬铁管制成。焊枪的粗细、长短也有多种类型，在实际操作中，应视所焊工件的材质和体积来选择匹配的焊枪。

根据燃烧源的不同，焊枪一般分为单管焊枪、双管焊枪、内双管焊枪和水焊枪。在焊接过程中，燃料与焊枪的匹配是非常重要的，不同的燃烧源应配以不同的焊枪。以下是常用的燃烧源与焊枪的匹配：

● 汽油 + 加压风球（皮老虎）⟶ 单管焊枪

（1）汽油——在以汽油为燃料的焊接工序中，汽油的选用很重要，低标号的汽油在使用过程中，往往不能完全气化，会在油壶底部残留一定量的"油根"。在添加汽油时，必须将残留的"油根"倒掉，增加了一定的危险性和环境的污染。而标号过高的汽油，在使用过程中，往往会出现火苗不稳、火焰前端飘忽不定的现象，增加了焊接的难度。所以，在此工序中，120#的汽油是较理想的选择。

（2）油壶——储油罐。铜合金或不锈钢制作，容积有0.5L至2L不等，上有两个气孔，一个为进气孔，另一个为汽油气化后的油气孔。每次加油不能超过油壶容积的三分之一，油壶的上部必须留有足够的空间让汽油在压力下气化。

（3）风球——也叫皮老虎。有铁制的和木制的，风袋有皮质的，也有橡皮的，工作原理是用脚来踩踏压板，使风袋空腔内的空气被压进油壶中，将气化的油气压进焊枪作为燃料。

● 煤气 + 空压机 ⟶ 双管焊枪

以煤气为燃料。当焊枪内的煤气从枪口的外圈溢出后被点燃，空压机排出的空气通过另一管道输向焊枪，在焊枪口中间的细管中喷出，吹向外圈燃烧中的煤气火焰，使火焰瞬间变得笔直、有力。工作时可根据需要，随时调节火焰和空气的大小。

● 煤气 + 氧气 ⟶ 内双管焊枪

以煤气为燃料。煤气点燃后，开启氧气，能大大提高火焰的温度。火焰的长短和大小，可用焊枪上的调节阀来加以调节。在使用过程中，氧气瓶的放置应远离火源和油源。

● 氢气 + 氧气（氢氧熔焊器）⟶ 水焊枪

燃烧源由氢氧熔焊器（俗称水焊机）产生。用氢氧化钾溶液作为电解质，加入到氢氧发生器内的溶液槽中，工作时将水分解成氢气和氧气，分别以低压送入专用的喷管中，输向焊枪。点燃后所产生的初始火焰可以小到能作为精密焊接之用，也可以大到熔化50g以上的铂合金材料。喷管处燃烧的速度决定了储气装置中的压力，而储气装置的压力又控制了电解的速度。在燃烧中吸收少量的挥发性有机物，如甲醇、丁酮、丙酮。能降低火焰的温度，增加被焊物的亮度。

焊接用各种工具

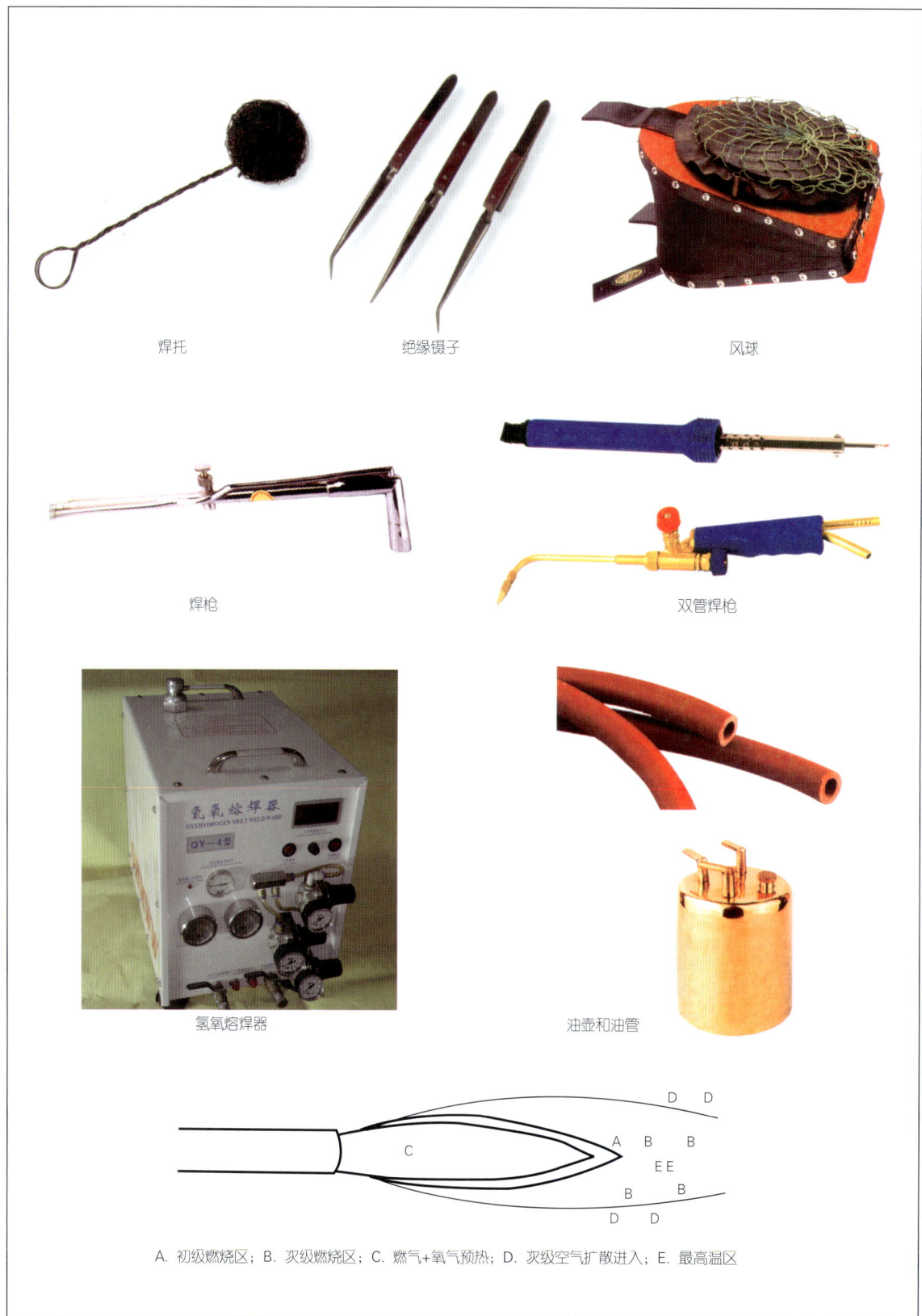

焊托　　　绝缘镊子　　　风球

焊枪　　　双管焊枪

氢氧熔焊器　　　油壶和油管

A. 初级燃烧区；B. 次级燃烧区；C. 燃气+氧气预热；D. 次级空气扩散进入；E. 最高温区

2. 焊接所需其他物品

（1）耐火板（砖）

用于放置被焊接整体较平整的工件，起到隔热保温作用。

（2）碎砖盆

也叫碳盆，一般采用不锈钢或铁质小盆，内装碎砖粒，起到固定工件的作用。用于放置被焊接形状较为复杂或立体的工件。

（3）镊子

也叫焊料钳。由不锈钢制成，在焊接时用来夹取焊料和被焊工件的工具。小件饰品的焊接，通常使用15～20cm长的镊子；大件饰品的焊接，如摆件、餐具等，通常使用25～30cm长的镊子。

（4）焊料剪

用于裁剪薄片焊料的工具，大小规格有数种。

（5）硫酸缸

瓷质，内盛稀硫酸，用来清洗和浸泡焊接后工件表面的氧化层和硼砂。稀硫酸的浓度为5%～30%不等。

（6）清水缸

用来清洗浸泡过稀硫酸的工件上的硫酸渍，通常为瓷质的或玻璃的。

（7）硼砂

研磨后的细硼砂和上水，调成稀糊状，涂抹在被焊接部位，是清洁被焊部位杂质、加速焊料熔解和流淌的助焊剂。

焊接用各种工具

3. 焊接练习一 丝材与片材的焊接

（1）取一块长 60mm、宽 3mm、厚 1mm 的片材。

（2）取五根长 10mm、直径 1mm 的丝材。

（3）清洁片材表面的氧化层，将每一根丝材的一头锉平。

（4）在片材上用划针每 1 厘米处划上一条横线，共五条。

（5）在其中一条划线的中间加上少许湿硼砂，左手持焊枪，用小火稍微加温硼砂。

（6）湿硼砂泛白干涸后，右手持焊料钳，夹一小块焊料置于硼砂上。

（7）用焊料钳夹起一根丝材，锉平的一端朝下并沾上少许湿硼砂，用焊枪烘烤一下，使湿硼砂干涸。

（8）用焊枪加温焊料，在焊料初始熔化时，将丝材上有硼砂的一头垂直抵到片材上的焊料上，并继续加温。

（9）由于焊料的熔点比工件的熔点低，所以焊枪火焰控制的温度应在焊料和工件的熔点之间。

（10）待焊料全部熔化并发出光亮后，移去焊枪，稍许冷却后松开焊料钳。

（11）将工件放入稀硫酸缸中浸泡数秒后，再用清水缸中的清水洗去硫酸渍。

（12）在确认第一根丝材焊接牢固后，继续第二根丝材的焊接。

（13）焊接全部丝材于片材上。

要求：每根焊在片材上的丝材要牢固，工件材料无熔化、无假焊现象，五根丝材之间距离相等，丝材垂直不歪斜。

丝材与片材的焊接

1 取材　　2 在片材上划线　　3 加温硼砂

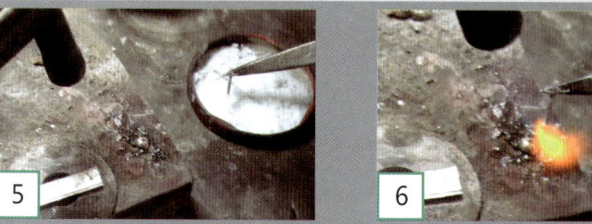

4 夹焊料置于硼砂上　　5 将丝材的一端沾上少许湿硼砂　　6 加温焊接

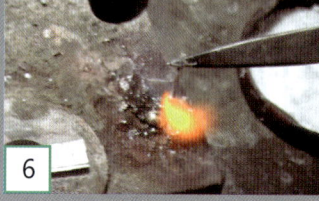

7 将丝材有硼砂的一头垂直抵到片材的焊料上

8 第一根丝材焊牢后，将冷却后的工件放入稀硫酸缸中浸泡数秒，再用清水缸清洗

4. 焊接练习二 片材的拼装焊接

（1）将被焊工件的焊接部位，用锉刀轻轻锉去氧化层。

（2）在耐火板上，把工件的焊接部位相互吻合。

（3）在焊接部位放上少许湿硼砂后，用焊枪稍微加温。

（4）硼砂受热后会迅速膨胀，会使原来已放正位置的工件有所移动，重新将工件放正。

（5）在焊接部位放上小块焊料，用焊枪继续加温。

（6）焊枪火焰的温度应控制在高于焊料的熔点而低于工件的熔点，直到焊料开面熔化。

（7）焊接的关键在于焊枪火候的控制，焊料的流淌是随热而走的，工件温度哪一边高，焊料就会向哪一边流淌。

（8）焊好一个焊点后，检查无假焊现象后，再焊接第二个焊点。

（9）焊接好的工件，稍许冷却后，放入稀硫酸缸中浸一下，除去工件上残留的硼砂或氧化层，再放到清水缸中洗净硫酸。

要求：焊接牢固，无假焊现象，焊接部位干净整洁无过大的焊疤。

片材的拼装焊接

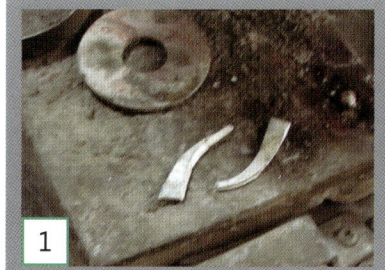

1　将工件的焊接部位相互吻合放在耐火板上

2　在焊接部位放上少许湿硼砂

3　用焊枪加温硼砂

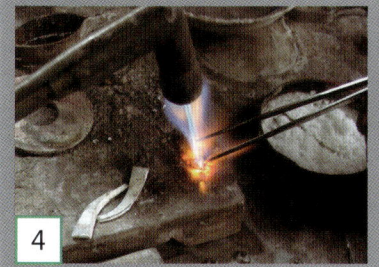

4　熔化焊料

5　焊接第一个焊点

6　将焊接完毕的工件放稀硫酸浸泡数秒

7　焊接好的部位应整洁无过大的焊疤

四、锯

在金属材料上截取所需的一定尺寸的局部和各种形状的产品部件，或在工件上锯出工艺制作上所要求的线槽和内孔。

■ 1. 锯弓和锯条

在首饰制作中，常用的锯弓有两种：固定式锯弓和活动式锯弓。固定式锯弓其两端的紧固螺丝距离是固定的，距离的长度恰好是一根标准锯条的长度。活动式锯弓其两端的紧固螺丝距离是可以自由调节的，它适用于多种长度锯条的安装。

锯条的号数有多种，是根据锯条的厚薄和锯齿的粗细及锯齿之间的距离来细分成不同的号数。首饰制作中所用的锯条号数多为 2～6 号，而 3、4 号锯条所使用的范围较广。

■ 2. 锯条安装

（1）调整锯弓两端紧固螺丝距离（活动式锯弓），并将螺丝拧松。

（2）将锯弓手柄朝后，弓体向下，将锯条的锯齿朝上，齿锋向前，并将一头放进后端紧固螺丝中，拧紧螺丝。

（3）左手握紧手柄，锯弓前端搁在工作台边缘，向前用力抵住，把锯条的另一头放进前端紧固螺丝中，拧紧螺丝。

（4）放松左手，使锯弓回复原状，这时锯条被锯弓绷直。

（5）拇指轻按锯条，手感锯条紧绷，两端螺丝不应松动。

锯条安装

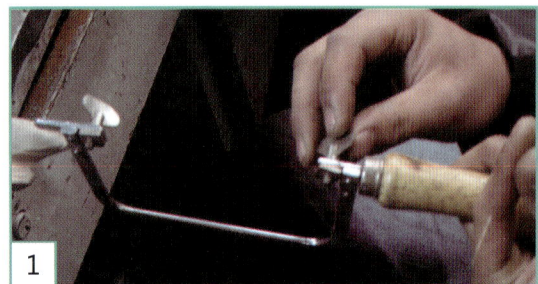

1 锯弓手柄朝后，弓体向下，前端搁在工作台边缘，后端抵在胸前

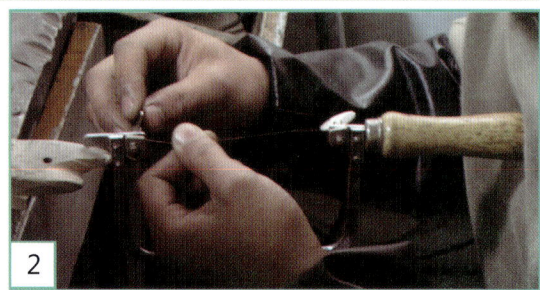

2 装好的锯条应紧绷

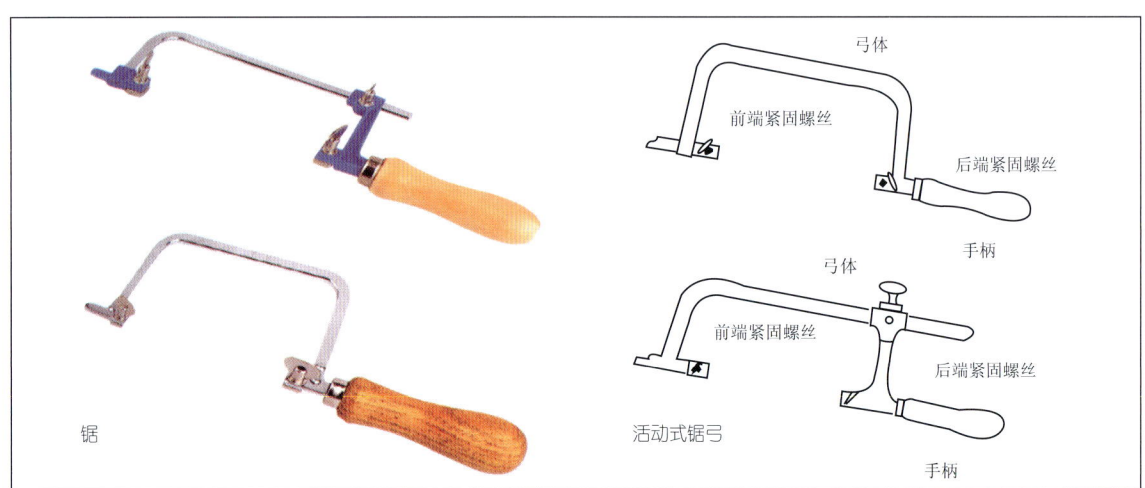

3. 锯练习一 板材的锯割

在首饰制作过程中，一些薄形片材的裁切，可以用剪刀来完成，但对于较厚的板材或图案的切割，剪刀就无能为力了，这时就需要用锯的工序来完成。

（1）将板材平放在铁墩上，观看是否平整，如有不平整之处，需要用木榔头敲平。

（2）在板材上用划针划出锯线，平放在锯板上，并用左手指按紧。

（3）右手握住锯弓柄，锯条朝前，沿锯线慢慢上、下垂直锯割。锯割时，板材不能随锯条上下跳动。

（4）右手用力要均匀，向下锯刀与板材接触时应稍用力，向上提拉时则不应用力太猛。

（5）身体不能晃动，用手腕和手臂之力来完成锯割，否则极易造成锯条折断。

4. 锯练习二 图案的锯割

（1）在纸上绘出所需的图案，并用胶水将图案粘贴在平整的材料上。

（2）沿着图案上的锯线，将锯条慢慢地锯进，锯条与材料必须始终保持垂直。

（3）握住锯弓的右手不能太紧，手腕要放松，随时根据图案上的锯线来调整锯刃的方向。

（4）锯弯角时，锯条应在原处上、下多锯几下，直到锯缝较松时，再以锯条为轴心慢慢转向。

图案的锯割

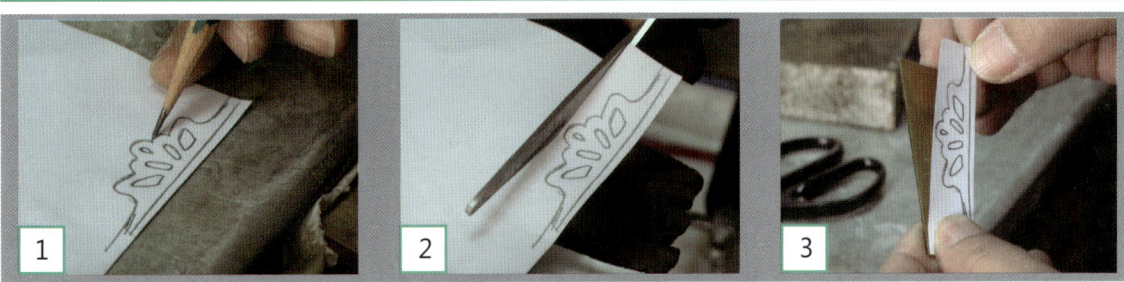

1 在纸上绘好图案 2 剪下图案 3 将图案纸粘贴到金属材料上

4 钻孔 5 将锯条从孔中穿过 6 沿图案边线锯割

7 皇冠戒指完成

(5)如遇锯条被夹住而提拉不动时,应稍微回转一些方向,再轻轻地上、下提拉。

(6)图案全部锯好后,揭去图案纸。

■ 5. 锯练习三 中间孔的锯割

(1)将绘制在纸上的图案粘贴在材料上。

(2)在需锯孔的部位用吊机和钻头打一个小洞。

(3)松开锯弓一端的紧固螺丝,取出锯条的一头。

(4)将锯条从图案中的小洞穿过,并重新把锯条安装好。

(5)平放在锯板上进行锯割。

(6)锯好一个孔后,再次将锯条的一头从锯弓上松开,把锯条抽出。

(7)重复以上顺序,进行下一个孔的锯割。

要求:锯割后的锯线,应和顺流畅,不能有齿轮状。弯角处应清晰明快,直角处不能有明显的圆弧线,侧面应与平面垂直。

锯割后的图案大小、形状应与原稿一致,不能有明显的偏差和线条移位。

中间孔的锯割

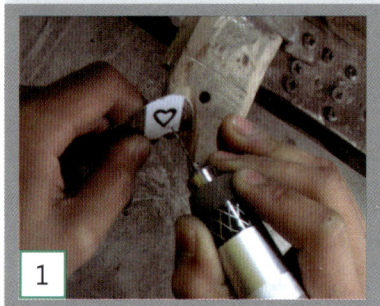
1 将图案纸贴在相应的金属材料上,并钻孔

2 将锯条从孔中穿过

3 沿图案边线锯割

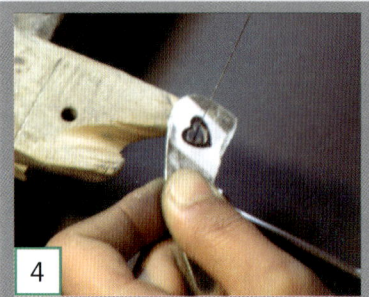
4 锯的过程中根据需要调整锯条方向

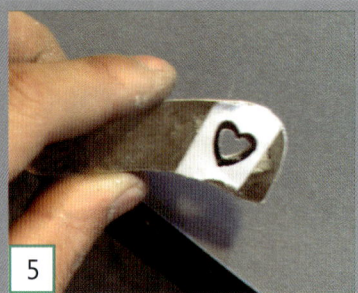
5 锯割完成后锯线应和顺流畅

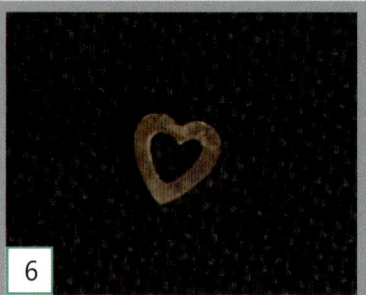
6 爱心完成

第二节 首饰制作练习

在初步了解首饰制作工艺中的锉、焊、锯等技艺后，把各种基础技艺应用到饰品整体制作实践中去尤其重要。通过饰品的整体制作就能反过来领悟基本技艺的重要性。

一般的饰品体积都较小且品种款式繁多，工艺又复杂，所以在制作中，正确地领悟设计者在设计中的创意和整体构思中的理念，才能把设计者平面的、画在纸上的意念，通过你的制作立体地、充分地体现出来。

一、练习一 V字形戒指的制作方法

（1）取一块宽10mm、厚1.5mm的片材，作为戒圈用料。

（2）参考手寸表上的手寸号截取相应的长度。用锉刀将两头锉平。

（3）在戒圈料中间部位打上所需的印记，并用火枪进行退火。

（4）将冷却后的材料在戒指棒上用木榔头敲成圈。

（5）在两头相接处用焊料进行焊接，并将内圈焊缝处多余的焊料锉平整。

（6）戒圈套在戒指棒上用木榔头敲圆，校正手寸号。

（7）戒圈的两侧边线用锉刀锉平，使整个戒圈的宽度一致。

（8）戒圈的外圈用锉刀锉圆，目视无明显块面状。

（9）用吊机和800#砂纸对戒圈的内外和两侧进行初步打磨。

（10）取三段直径1mm的丝料，在丝料中间部位用三角锉刀锉成三角凹槽，深度为丝径的三分之二。

（11）用火枪对丝料进行退火，并在凹槽处折成90°直角，呈V字形。

（12）将三段V形丝料并排放在耐火板上，用焊料焊成整体。

（13）将焊好后的V形丝料放在坑铁上，上压戒指棒，轻轻地敲成弧形。

（14）将弧形丝料的内侧贴放在戒圈外圈的焊缝处，并将它们焊在一起。

（15）截取两段长约2mm、直径1mm的丝料，放在木炭上分别用火枪熔化成两粒小圆珠。

（16）将两粒小圆珠分别焊在V形丝料顶角外的丝槽中。

（17）锉去V形丝内角的戒圈部分并突出戒圈的V形丝料。

（18）在吊机上安装砂纸棒，对整个戒指用1200#砂纸进行打磨。

V字形戒指的制作方法

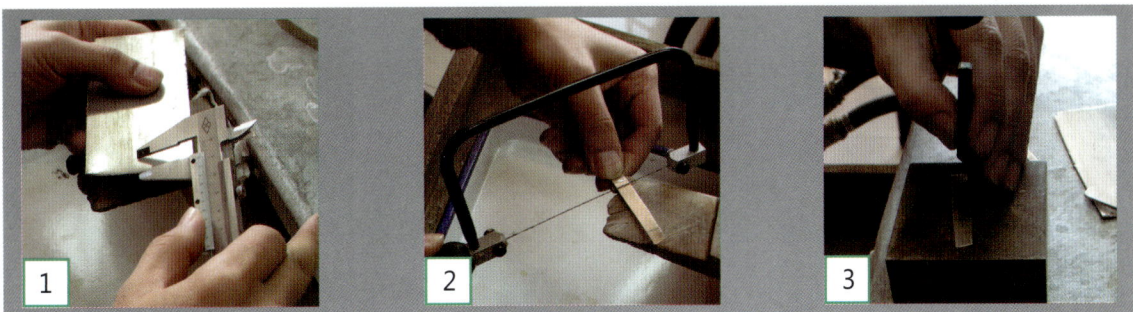

1 量材　　2 锯割相应大小的材料　　3 打印记

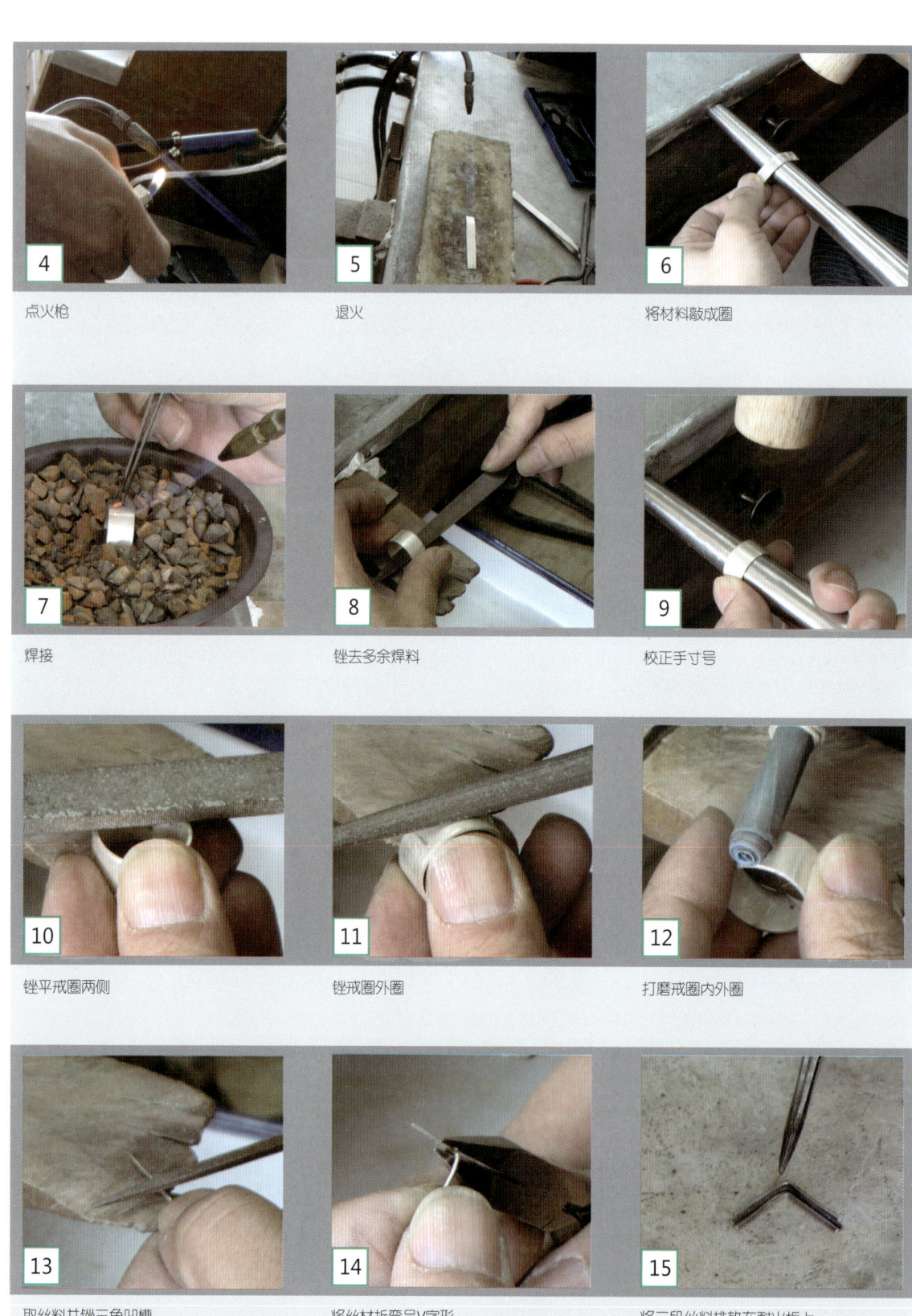

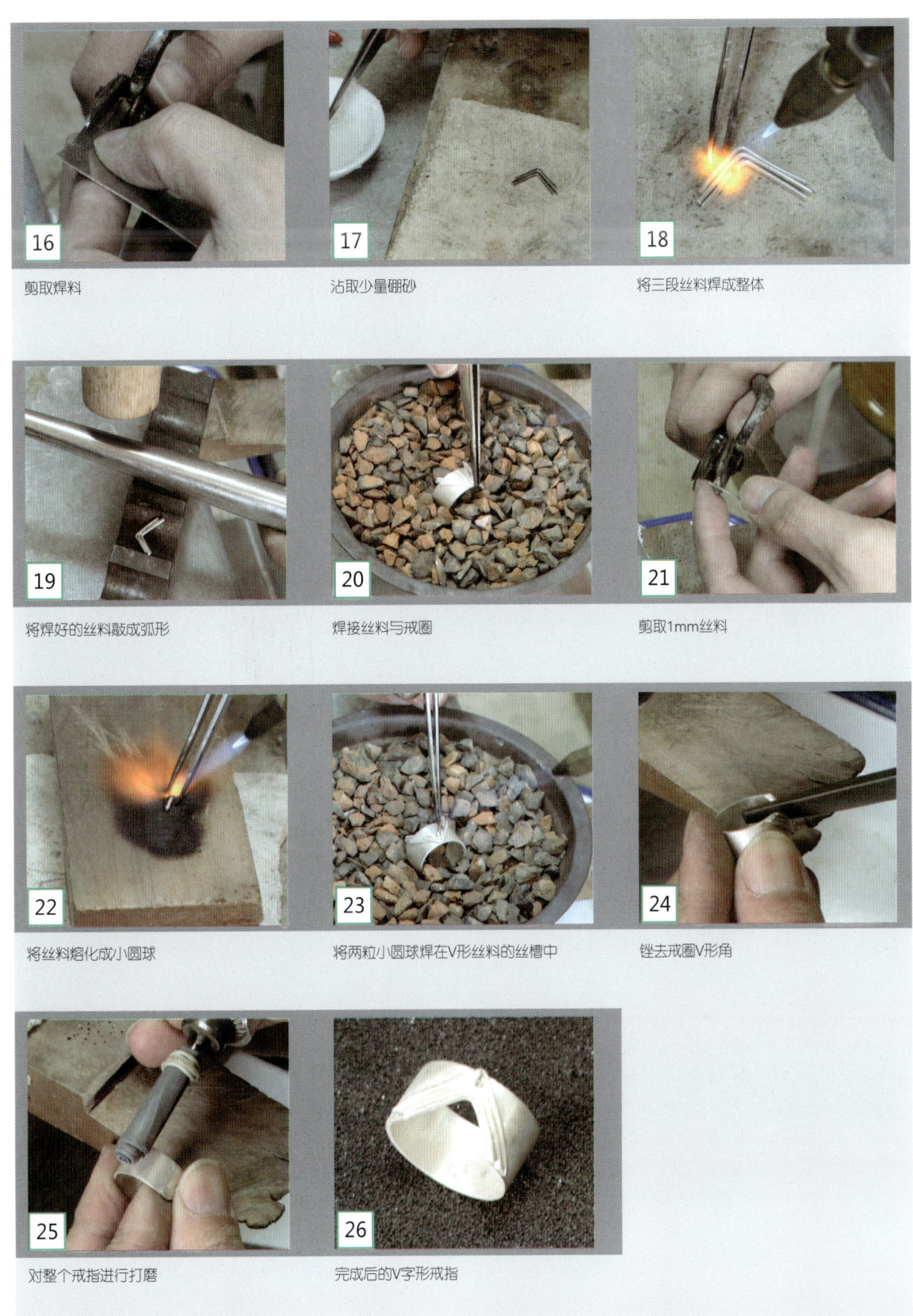

16 剪取焊料	17 沾取少量硼砂	18 将三段丝料焊成整体
19 将焊好的丝料敲成弧形	20 焊接丝料与戒圈	21 剪取1mm丝料
22 将丝料熔化成小圆球	23 将两粒小圆球焊在V形丝料的丝槽中	24 锉去戒圈V形角
25 对整个戒指进行打磨	26 完成后的V字形戒指	

二、练习二　齿嵌宝戒的制作方法

1. 齿口制作

（1）取一块长50～60mm、宽5mm、厚1.2mm的材料，退火，作为齿口圈料。

（2）根据宝石的规格尺寸，用圆头钳圈成外圈略大于宝石外圈尺寸的椭圆形。

（3）焊接椭圆接口处，修正椭圆形状的齿口与宝石相似。

（4）将齿口的高度锉成一致，并锉光齿口的内、外壁，使外圈与宝石底的外圈一致，并用小圆锉或小半圆锉将齿口上部内壁锉成斜面。

（5）放上宝石，仔细观察齿口与宝石是否相吻合。

（6）取一根直径1.5mm的圆丝，用榔头在铁墩上敲成方丝。

（7）截取四根长约10mm的方丝作为镶齿料。

（8）在齿口圈外壁对称地焊上四根方丝齿料，四齿的排列要协调对称。

（9）锉去齿口底部多余的镶齿，并根据宝石的高度，计算出镶齿的长度，锉去多余的部分。

（10）锉出镶齿的形状。

齿口的制作方法

| 1 | 2 | 3 |
| 截取齿口圈料 | 退火 | 将圈料圈成椭圆形 |

| 4 | 5 | 6 |
| 圈口略大于宝石外圈尺寸 | 焊接 | 观察齿口与宝石是否吻合 |

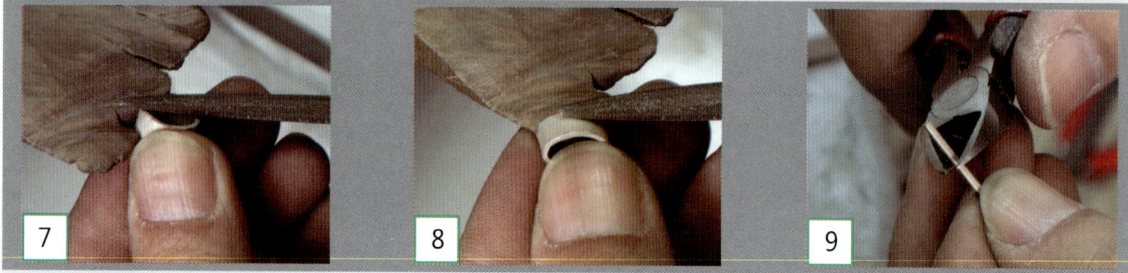

| 7 | 8 | 9 |
| 将齿口高度锉成一致 | 锉光戒圈内、外壁 | 截取丝材作为镶齿料 |

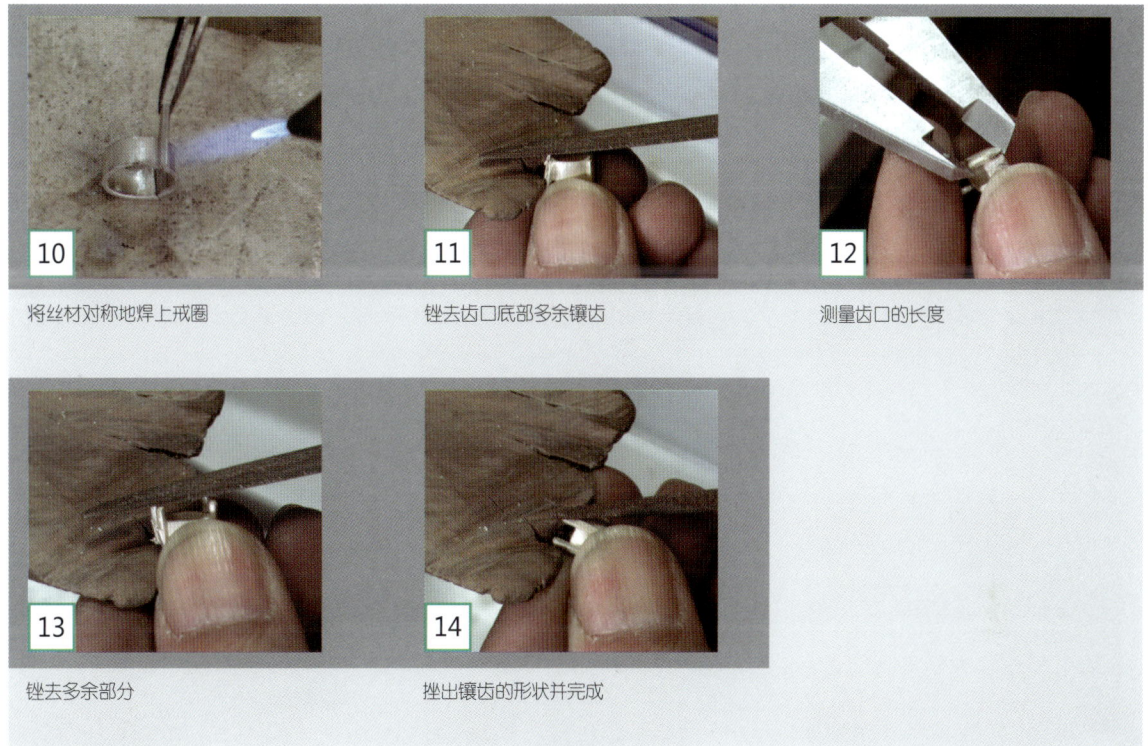

10 将丝材对称地焊上戒圈　　11 锉去齿口底部多余镶齿　　12 测量齿口的长度

13 锉去多余部分　　14 挫出镶齿的形状并完成

■ 2. 戒圈制作

（1）取一段长约 60mm、粗 3mm 的方丝戒圈料，用火枪退火。

（2）将戒圈料平放在铁墩上，在中心部位用榔头敲薄，敲成中间最薄、最宽，两端渐厚、渐窄的戒圈料。

（3）在戒圈料的侧面，用榔头将两端敲出斜坡形，成为中间最窄、最厚，两端渐宽、渐薄的形状。

（4）将戒圈料上的榔头痕用锉刀锉光，修正形状，并在中间部位打上印记。

（5）退火后在戒指棒上敲成圈，两头的四分之一部分相叠。

（6）修正戒圈，两头重叠部分约 10mm，剪去多余部分。

（7）将两头锉成圆形。

（8）用木头夹紧戒圈下部的最宽部分，再用圆头钳将两头弯成如意形，弯曲的方向一致。校正手寸号。

（9）修正如意头，使之相对称，将两个如意头相焊接。

（10）将齿口与戒圈分别用 400＃和 800＃砂纸进行打磨，在打磨过程中，应注意原有的角度与棱角不被破坏，不能改变原有的形状。

（11）将打磨后的戒圈和齿口放在碎砖盆中或焊接钳上固定。

（12）校正齿口与戒圈的接触部位，找到最佳的组合位置。

（13）在齿口与戒圈的两个相触部位，任意焊好一处。

（14）仔细观察焊接位置是否有偏移，如有，应立即校正，接着再焊接第二个相触处。

（15）浸入稀硫酸中除去氧化层，用清水洗净。

（16）干燥后将戒圈外圈锉成半圆形，并锉去多余的焊料痕。

（17）用 1200＃砂纸进行整体打磨。

戒圈的制作方法

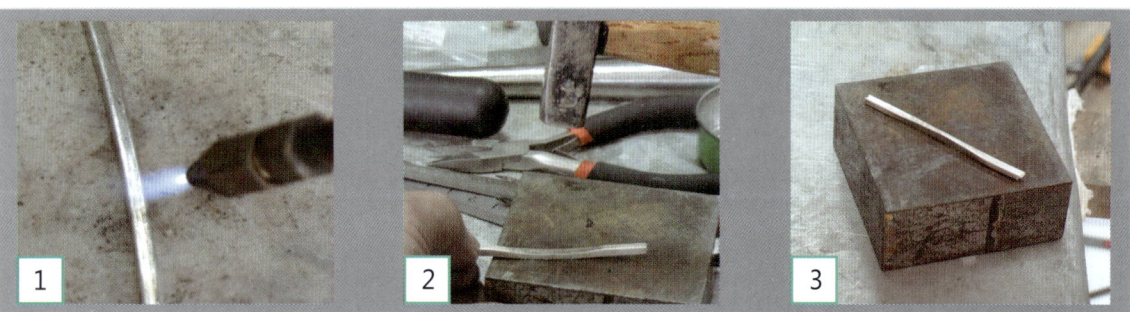

1 取戒圈料并退火

2 敲出相应形状戒圈料

3 中间最薄、最宽,两端渐厚、渐窄

4 将两端敲出斜坡形

5 侧面看,中间最窄、最厚,两端最宽、最薄

6 锉光戒圈料

7 打印记

8 在戒指棒上敲成圈

9 戒指两端四分之一部分相叠

10 将两头锉成圆形

11 将两头弯成如意形状

12 焊接两如意头

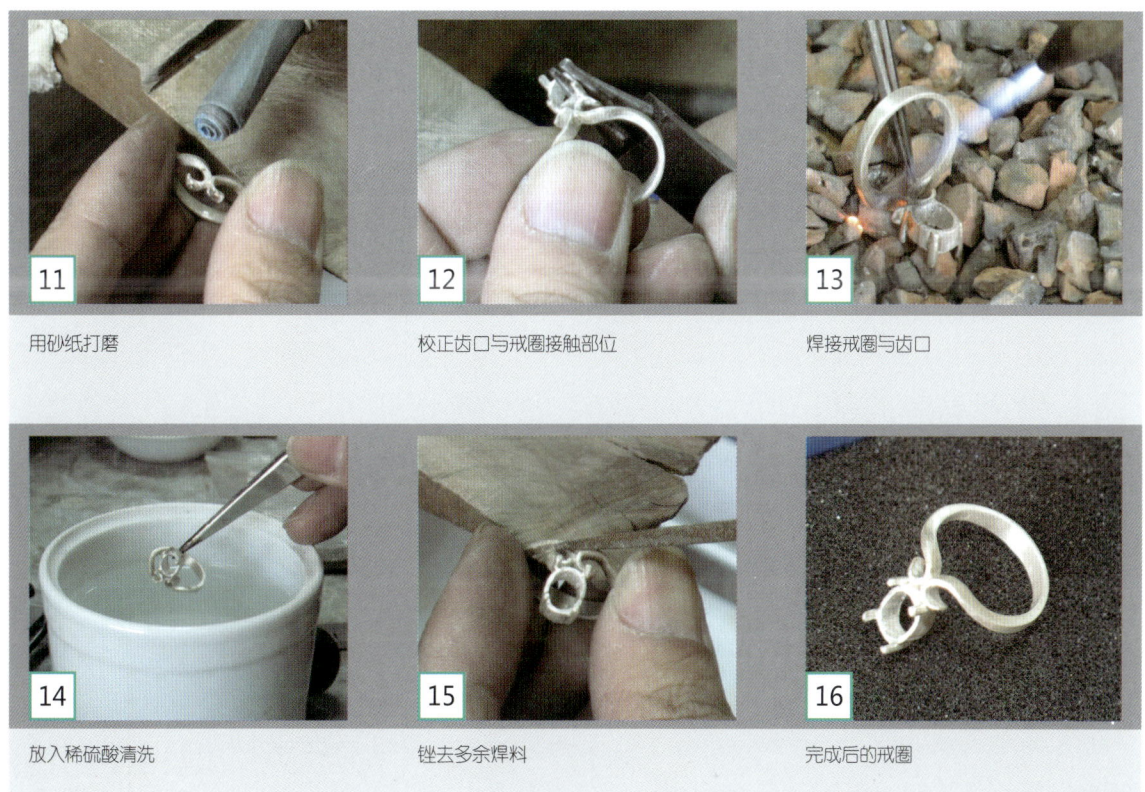

| 11 用砂纸打磨 | 12 校正齿口与戒圈接触部位 | 13 焊接戒圈与齿口 |
| 14 放入稀硫酸清洗 | 15 锉去多余焊料 | 16 完成后的戒圈 |

锉镶齿平面示意图

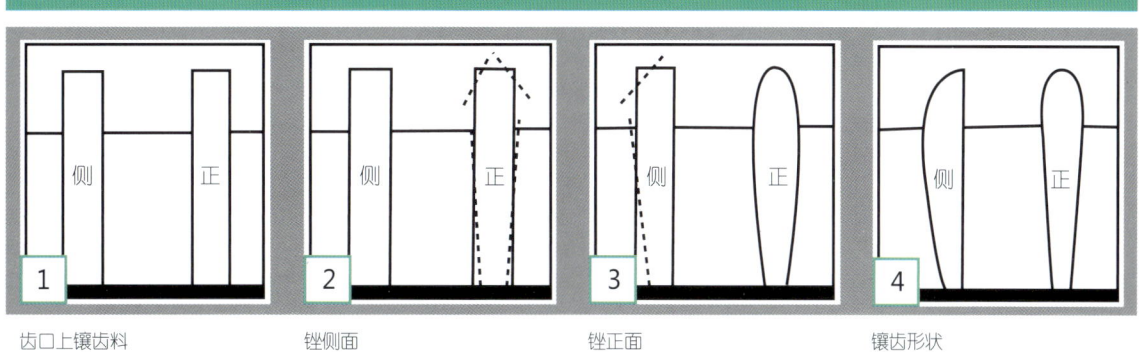

| 1 齿口上镶齿料 | 2 锉侧面 | 3 锉正面 | 4 镶齿形状 |

三、练习三　包边齿口挂件的制作方法

（1）根据宝石的尺寸，取一块厚 0.8mm、宽度略大于宝石高度的片材，退火后作为齿口外圈用料。

（2）用钳子将材料圈成椭圆形的齿口外圈。圈的内圈形状和尺寸应与宝石底面的形状和尺寸相同。

（3）剪去多余的材料，将两端用焊料相焊。

（4）将宝石放入齿口外圈中，大小应正好，四周无缝隙。

（5）另取一块厚、宽均为 2～3mm 的材料，退火后作为齿口衬圈用料。

(6)用钳子将衬圈料圈成椭圆形,衬圈的外圈形状大小应与宝石的底面相同。

(7)剪去多余的材料,将衬圈两端用焊料相焊。

(8)将齿口衬圈放入齿口外圈中,两圈的底部齐平。

(9)将两个圈相接处的底部缝隙用焊料焊接填平,使两个圈从底部看似一个整体,成包边齿口。

(10)锉平齿口底部,在齿口中放入宝石,根据宝石的高度,留出包镶部分,用锉刀锉去多余的镶边。

(11)检查齿口的高度是否一致,用锉刀将齿口圈的外圈锉平整,并将齿口包口处锉成一圈小斜面。

(12)将一段圆丝料在铁墩上用榔头敲成1.5×2mm的方丝。

(13)根据齿口外圈尺寸,将方丝做成一个菱形框,菱形框的内孔大小应以正好放入齿口为宜。

(14)焊接菱形框的四个角。

(15)将菱形框的内外及两个平面用锉刀锉平整,菱形框的四条边框粗细应一致,并上下、左右对称。

(16)将一块厚1mm、宽3mm、长约15mm的材料,用锉刀锉成马眼形,作为挂襻用料。

(17)用圆头钳夹住挂襻料的中间部位,将两头对称弯曲,侧面呈马蹄形的挂襻。

(18)将挂襻的外部锉成半圆形。

(19)将齿口、菱形框的挂襻分别用400#和800#砂纸进行打磨,打磨工具使用吊机。

(20)将齿口放入菱形框中,焊接齿口与菱形框的四个接触部位。

(21)将挂襻夹在菱形框顶端的中间部位,正反两面的接触点都要焊接。

(22)将整个挂件放入稀硫酸中浸泡几分钟,然后洗净酸液烘干。

(23)用火枪对火漆或胶板加温,使之软化,嵌入挂件。

(24)将宝石放入齿口,左手持平头弹压凿,右手持镶石榔头,沿齿口边缘的斜面,慢慢将齿口向宝石中心方向进行弹压。

(25)包镶时,不要一下子将某一部位的包边镶实,应沿包边四周一圈一圈循环推进,直至全部镶牢为止。

(26)用火枪将火漆或胶板加温软化,取出挂件,放进香蕉水中浸去挂件上残留的火漆或胶。

(27)用油光锉修整镶口包边。

(28)用1200#砂纸将挂件整体打磨一遍。

包边齿口挂件的制作方法

1 截取外圈用材并退火

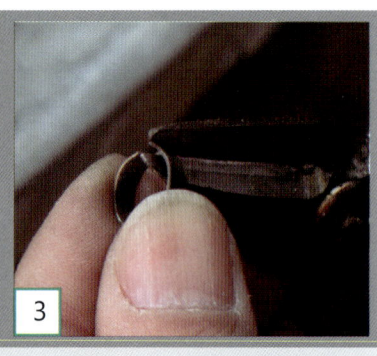

2 将材料圈成椭圆形

3 剪去多余材料

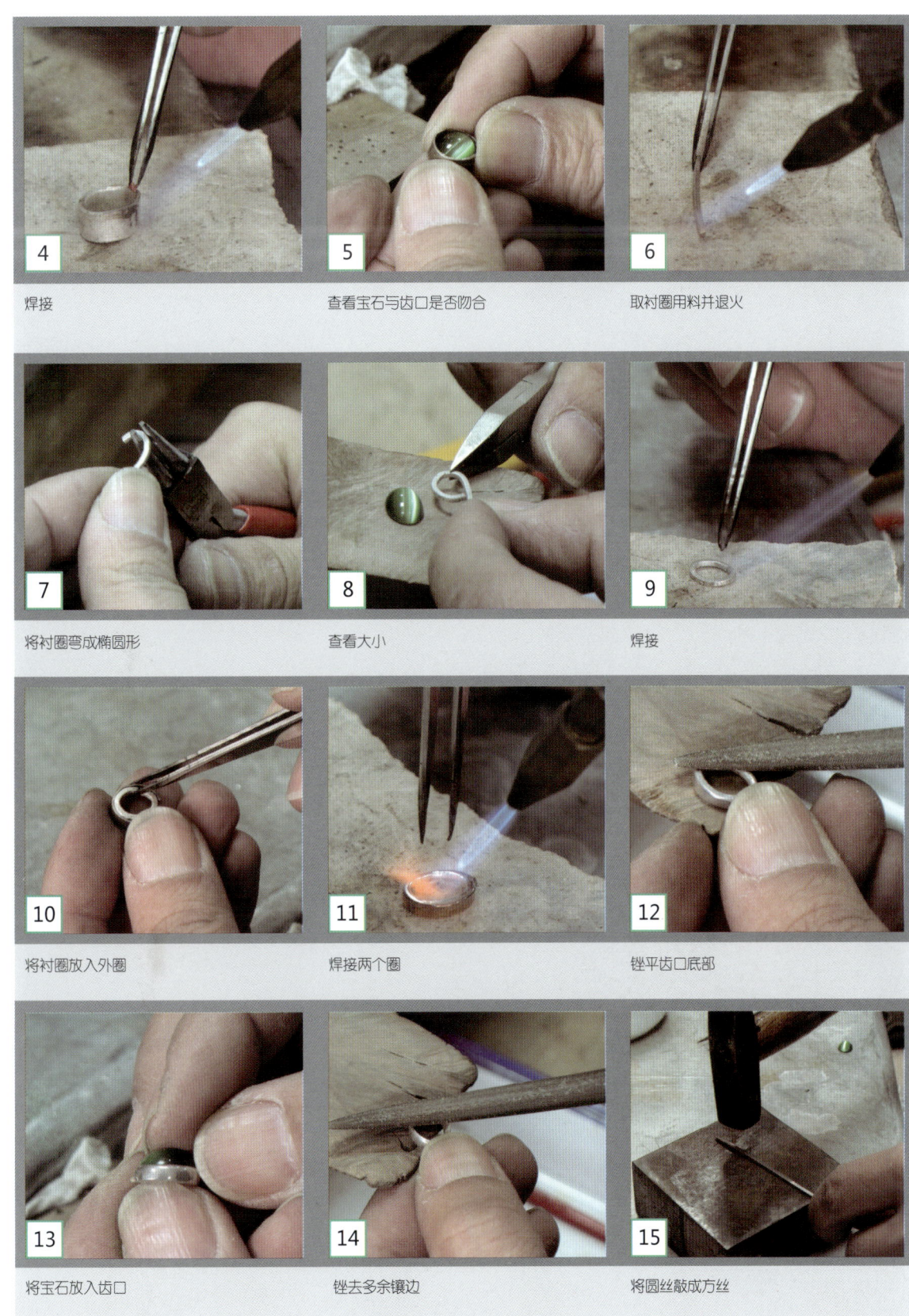

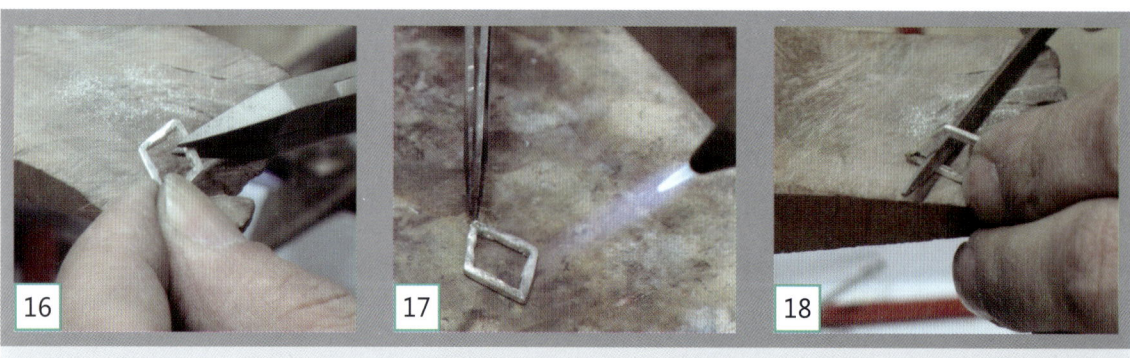

16 将方丝做成菱形框

17 焊接菱形框的四个角

18 锉平内外框

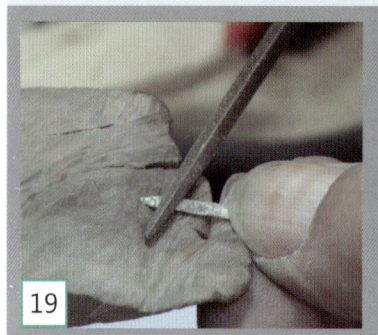
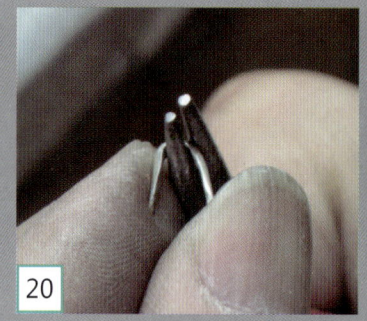
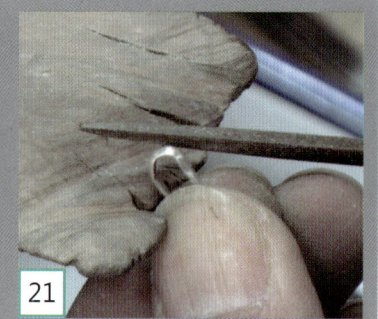

19 取挂襻用料锉成马眼形

20 两头对称弯曲，侧面呈马蹄形

21 将外部锉成半圆形

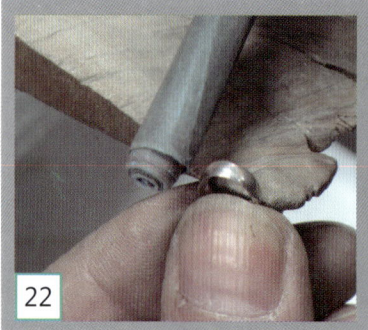

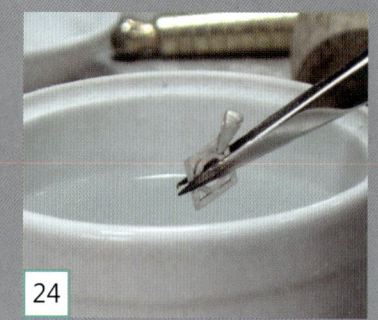

22 打磨各部位

23 焊接齿口、菱形框与挂襻

24 将挂件放入稀硫酸浸泡几分钟

25 包边齿口挂件完成

第三节 其他齿口的制作方法

一、齿口制作练习一 管子齿口的制作方法

（1）取一块长 50～60mm、厚 0.3～0.5mm、宽度与所镶宝石周长相等的片材。

（2）在片材顶端 10mm 处用剪刀向顶端方向的两侧剪去两条斜三角，使材料的一头呈尖锥形，退火后作制管用材。

（3）将管料放在木槽或坑铁凹槽上，用一根直径接近宝石直径的圆铁棒压在管料上。再用木榔头轻敲圆铁棒，将管料敲成半圆形的圆槽。

（4）将半圆管料被剪去斜三角的尖端，用小榔头敲直、敲细，将材料退火。

（5）将材料的尖头穿过相应的拉丝模丝孔，进行拉拔，开始时可用大丝孔的拉丝模拉拔，逐步向小丝孔拉丝模过渡，直到管料的两侧边缘相合，成为管子。

（6）测量管子的直径，将管子的直径拉拔至与宝石的直径相等为止。

（7）将管子的一头用锉刀锉平，然后在吊机上装上球形绞刀，将锉平的一头管子切削成凹圆形。

（8）根据所需齿口的高低，锯下一段相应长度的管子。

（9）取相应长度和直径的丝料作为镶齿，根据镶齿数量的要求，在管子外壁焊上数根镶齿，成为齿口。

（10）锉平齿口底部，留出需要的镶齿长度，剪去多余部分的镶齿。

（11）将镶齿上端逐一锉成所需要的形状。

各种管子齿口平面示意图

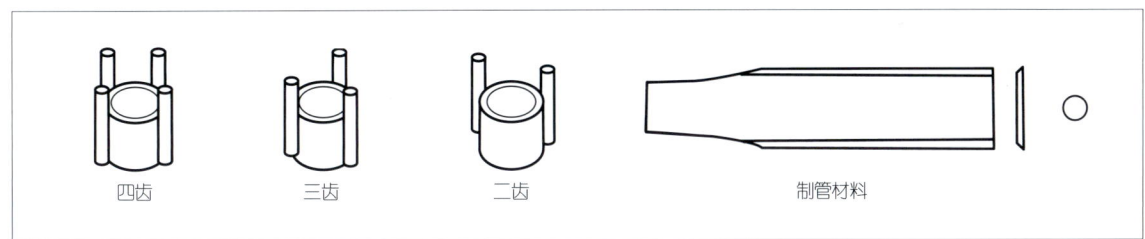

四齿　　三齿　　二齿　　制管材料

管子齿口的制作方法平面示意图

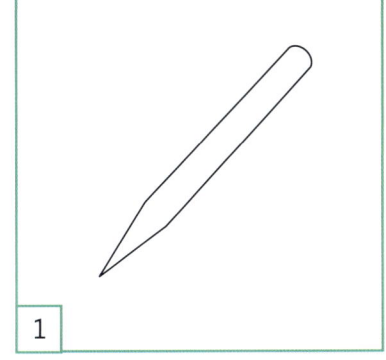

1 尖锥形制管料

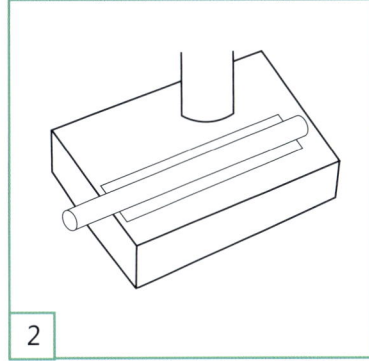

2 木槽上敲半圆

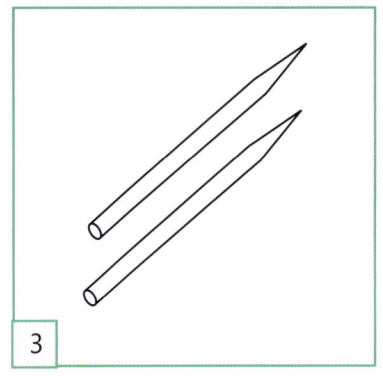

3 拉拔成管子

4 顶端绞成凹圆形
5 与宝石相吻合
6 锯下所需的长度
7 焊接镶齿
8 双齿管子齿口
9 三齿管子齿口

二、齿口制作练习二
马眼形齿口的制作方法

（1）取一块厚 0.8～1.0mm、宽 5mm、长度略大于马眼宝石周长的片材，退火。

（2）在坑铁上选择一条弧度与宝石侧边弧度相似的凹槽。

（3）将片材置于坑铁凹槽上，上压一根戒指棒，用榔头轻敲戒指棒，把片材敲成圆弧形。

（4）用三角锉在弧形料的中间部位锉出一条三角槽。

（5）以三角槽为中心，两边材料向内折叠。锯去多余部分，形成马眼形齿口。

（6）将宝石放在齿口上，观察齿口的上部应与宝石底面完全吻合。

（7）焊接齿口两尖端，锉平上、下两平面，注意齿口四周的高度应一致。

（8）将齿口上口的内壁锉出斜面。

（9）取一块 0.5～0.8mm 厚的片材，退火后作为包角齿料。

（10）在包角齿料的中间部位用三角锉一小凹槽，两边折弯，折弯后的包角内角角度应与齿口尖角的角度相一致，折弯后的两边宽度约 2～3mm。

（11）将包角齿的折角用焊料焊好。

（12）在齿口的尖角再焊上包角齿。

（13）锉平齿口底部，留出包角齿的高度，锉去多余部分。

（14）在包角齿高出齿口部分的折角处，沿折角用锯条锯开。

（15）在锯缝处，用剪刀剪去内角，并用锉刀锉成半圆形。

马眼形齿口的制作方法平面示意图

1

圆弧形料中间锉小三角

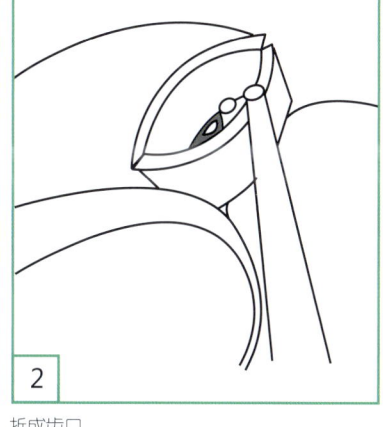

2

折成齿口

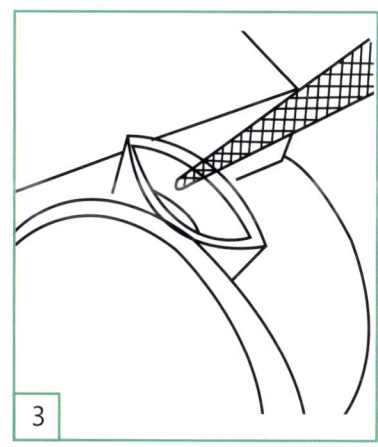

3

齿口上口锉斜面

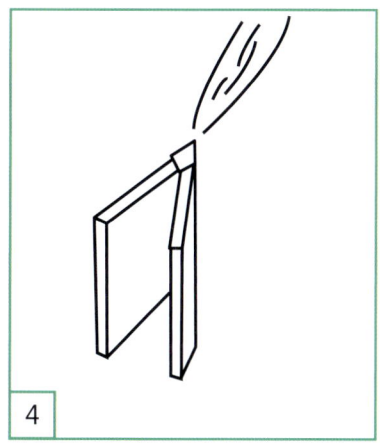

4

焊包角齿

5

齿口与包角齿相焊

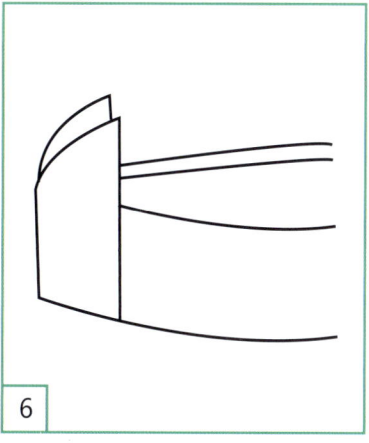

6

包角齿锉半圆形

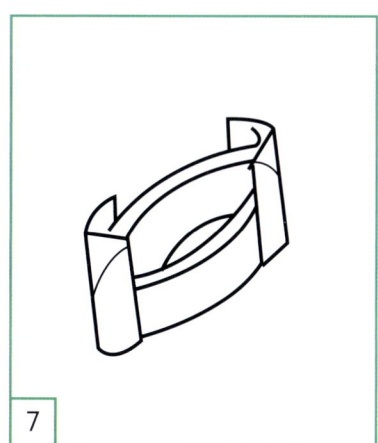

7

完成图

三、常见齿口种类

■ 1. 皇冠齿

用略呈月牙状的片材,圈成上大下小的喇叭形,焊接连接处。

在塔形圆棒上将齿口敲圆,锉平上下两个平面,要求四周高度一致,从侧面任何一个方向看都是左右对称。

用划针将齿口圆周分成六等份,用圆锉从下往上呈45°角将齿口锉出六个斜圆面,每两个斜圆面中间留出镶齿部分。将六个镶齿顶端锉成圆形。

■ 2. 角齿

量出宝石的边线长度和角线长度。

选用适当宽度和厚度的片材,根据宝石的边、角线长度,在片材上用三角锉锉出相等距离的凹槽,将片材弯折成宝石底部的形状。

焊接每一个弯折角,用锉刀将里外上下锉光,要求齿口四周高度一致,在四个边角线上焊上四个镶齿,并锉出镶齿形状。

常见齿口种类

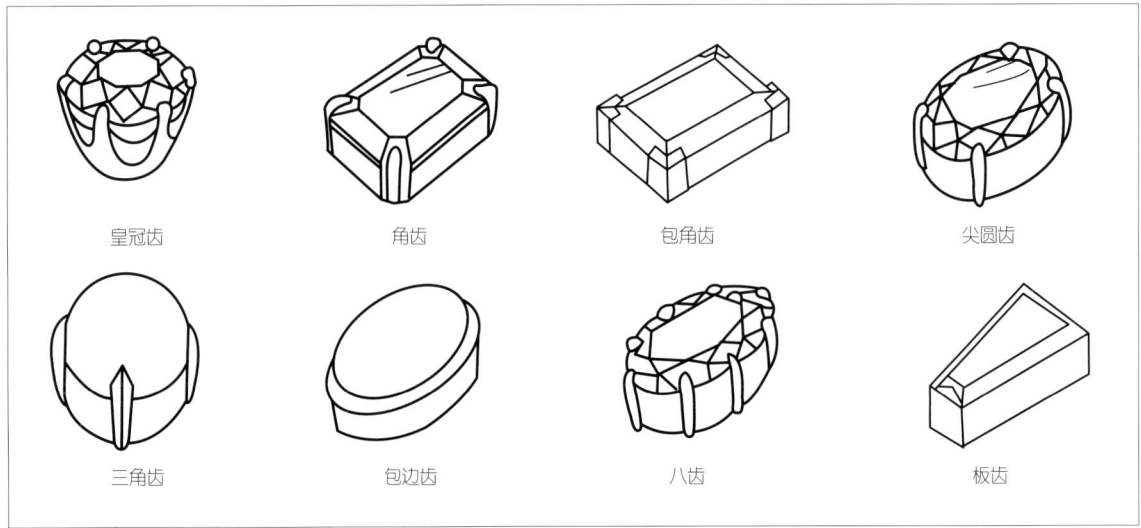

皇冠齿　　　　角齿　　　　包角齿　　　　尖圆齿

三角齿　　　　包边齿　　　　八齿　　　　板齿

第四节
蜡雕基础练习

一、蜡雕练习一　戒指蜡模的制作方法

(1)选择戒指蜡坯料一条,根据戒指宽度在坯料上用划针划出相应的锯线。

(2)用蜡锯沿着四周锯线,从外向内将蜡坯锯下。

(3)用蜡锉将蜡坯的两面锉平,锉平后的戒指蜡坯四周宽度应一致。

(4)用划针在戒指蜡料的正面和顶面,分别划出垂直中心线和中心水平线。

（5）用半圆蜡锉，根据所需手寸号，将蜡料孔的直径锉至相符的尺寸。

（6）在蜡料的两个面上，用划针划出戒指的轮廓线（正视图）。

（7）用蜡锉锉去多余的蜡料。

（8）在蜡料的四周外侧用划针划出轮廓线（俯视图、侧视图）。

（9）用蜡锉锉去多余的蜡料。

（10）用小蜡锉锉出整个戒指的弧面外形，戒指的基本形状完成。

（11）用雕蜡刀修刻细小部位，修正整体外形。

（12）用砂纸轻轻地将蜡戒整体打磨一遍，磨去蜡锉和雕蜡刀的痕迹。

（13）用砂纸包裹在木质戒指棒上，对戒指内圈进行打磨。

（14）用划针在戒指内圈内划出镂空线。

（15）在吊机上安装好球形绞刀，将戒圈内需镂空的部分绞去，直至壁厚1.5～2.0mm为止。在镂空过程中，应不断地用厚度卡尺测量壁厚尺寸。

（16）用圆头雕蜡刀将镂空的半圆形内壁毛糙处刮平整。

（17）用尼龙布将蜡模表面擦光。

（18）蜡雕模戒指完成。

戒指蜡模的制作方法

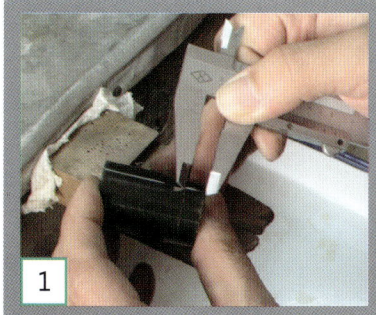
1 量取蜡料

2 锯下蜡料

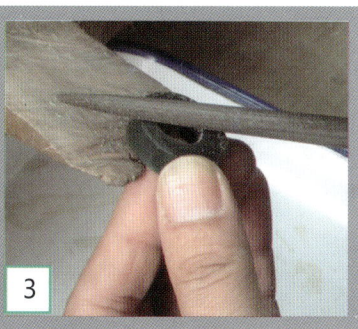
3 锉平两面

4 划出垂直中心线和中心水平线

5 将蜡孔料直径锉至所需的手寸大小

6 在蜡料的两个面上划出戒指轮廓线

7 锉去多余蜡料

8 用雕蜡刀修刻细部位

9 用砂纸打磨除痕

10 用球形绞刀绞去戒圈内需镂空的部分

11 用尼龙布擦亮表面

12 蜡雕模戒指完成

二、蜡雕练习二
三叶女戒蜡模的制作方法

（1）根据图稿，在1mm厚的蜡片上，用划针将叶片形状刻画出来。

（2）按叶片的形状，用雕蜡刀将叶片切割下来。

（3）用蜡锉将三张叶片的边缘锉光，并把叶片的背面锉成微拱形，使叶片的中间厚、边缘薄。

（4）将叶状蜡片分别放在酒精灯上烘烤，使叶片软化，慢慢地卷成卷叶状。

（5）将三张叶片平放在木板上，根部合并，叶尖稍微分开，叶根部位的连接处用焊蜡枪将其熔焊，使三张叶片连成整体。

（6）用雕蜡刀将焊接部位修刮干净。

（7）另取一块厚约2mm的蜡片，用划针划出一条宽约3mm的长条，并用雕蜡刀切割下来，作为戒圈料。

（8）用蜡锉将戒圈蜡料边缘锉平整，计算出所需手寸号的长度，切去多余部分。

（9）将戒圈蜡料放在酒精灯上烘烤，软化后用木戒指棒将其圈成戒圈，并用焊蜡枪焊好。

（10）用蜡锉将戒圈的外圈锉成半圆形。

（11）将戒圈的接缝处焊在三张叶片的背部。

（12）用雕蜡刀将焊接处修光洁。

（13）将戒指套在木戒指棒上，用雕蜡刀在三张叶片上分别刻画出叶子的脉纹。

（14）用砂纸和尼龙布分别打磨。

三叶女戒

第四章 手工制作基础

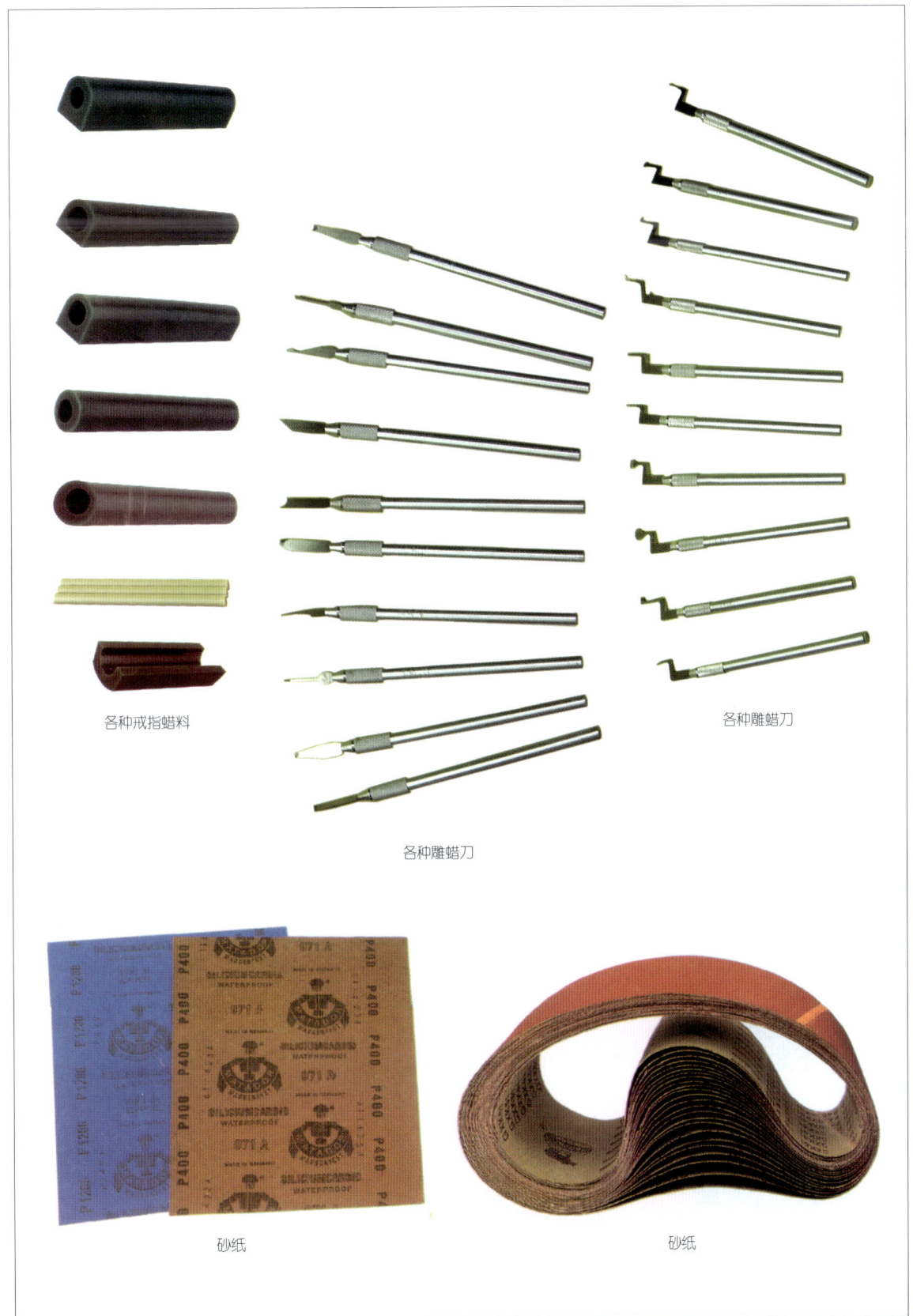

各种戒指蜡料

各种雕蜡刀

各种雕蜡刀

砂纸

砂纸

戒圈手寸参考

手寸号	直径（mm）	周长（mm）	手寸号	直径（mm）	周长（mm）
1	13	40.8	13	17	53.4
2	$13\frac{1}{3}$	41.9	14	$17\frac{1}{3}$	54.5
3	$13\frac{2}{3}$	42.9	15	17	55.5
4	14	44	16	18	56.6
5	$14\frac{1}{3}$	45	17	$18\frac{1}{3}$	57.6
6	$14\frac{2}{3}$	46.1	18	18	58.6
7	15	47.1	19	19	59.7
8	$15\frac{1}{3}$	48.2	20	$19\frac{1}{3}$	60.7
9	$15\frac{2}{3}$	49.2	21	19	61.8
10	16	50.3	22	20	62.8
11	$16\frac{1}{3}$	51.3	23	$20\frac{1}{3}$	63.9
12	$16\frac{2}{3}$	52.4	24	20	64.9

第5章

浇铸（铸造）

第一节
胶模

一、银板的准备

（1）选择所需浇铸的饰品原板，根据银板的形状、大小，选用相应精细的、由同质材料做成的浇道。

（2）焊接浇道，浇道应尽量焊在银板的一端，千万不要焊在银板的中间，更不要焊在有花纹和细丝的部位，以便开模时下刀的方便。

（3）浇道与银板的相接处要有足够的焊料，不能有缝隙，相接处的角要呈圆形，不要呈直角，以便浇铸时，熔化的金属能快速、流畅地通过。

（4）用稀硫酸洗去银板上的氧化层，必要时可通过抛光和电镀来增加银板表面的光洁度和抗氧化能力，使开出的胶模内部更光洁。

（5）确定浇道的长度，在浇道的顶端套上注蜡金属嘴。

二、准备压模

（1）压模框由铝合金制作，铝框的厚薄和框孔的大小根据需要有多种规格。

（2）根据所要开模原板的款式，选择相应的压模框。

（3）将生胶片按压模框的大小剪成片状，部分剪成条状和碎粒状。

（4）用胶条、碎胶粒将原板的镶口、孔洞等空处塞满，不能留有空隙。操作时不能用手直接拿取生胶片，应用干净的镊子夹取。

（5）用两片生胶片上下夹紧原板，放入压模框。

（6）如果原板是戒指，则原板与水口平面的一面是正面，方便开模时下刀；另一面是底面，方便开模时抽芯。

（7）用生胶片填满原板的所有空隙。

（8）用生胶片填满、塞紧原板与压模框之间的所有空隙，填满的生胶片应高于压模框 1~2mm，如果用胶不够的话，会在胶模中留有空气，影响胶模质量。

焊上浇道的银板

压模框和生胶片

压模机

三、高温压模

（1）将压模机的上、下两块电热加温板擦拭干净，预热2~3分钟。

（2）将填好生胶的压模框放入两块加热板之间。

（3）将上加热板的扳手往下拧紧，开始硫化生胶。

（4）根据压模机的加温性能和胶模的厚度，将温控开关调至140~170℃之间。

（5）计时开始，视压模时的机温和胶模的厚度，将压模时间控制在30~75分钟之间。

（6）在压模硫化过程中，上、下加热板之间的压力随着生胶的软化会有所减弱，应及时拧紧扳手，增加压力。

四、开胶模

（1）将经高温压模后的胶模，放入水中冷却。

（2）剥去原生胶片上的保护纸。

（3）擦干胶模，认准正、反两面，用笔做上记号。

（4）用剪刀剪去胶模四周边缘上的披峰。

（5）用手术刀在胶模的侧面一个角上，开出一个角钉。

（6）沿着四周侧面，分别开出另三个角钉。

（7）将胶模的半个角钉处夹在桌钳上，左手指捏紧另外半个角钉，并用力向外拉，右手用手术刀慢慢地向胶模中心处切去。

（8）四个角轮番切割，边割边观察，不要将切割方向切偏了。

（9）在切割胶模过程中，始终不能有碎胶脱落。

（10）整个胶模被一分为二，取出原板。

胶模硫化时间参考

胶模厚度	生胶层数	152℃时
$\frac{1}{2}$英寸（12mm）	4	30分钟（需时下限）
$\frac{5}{8}$英寸（16mm）	5	37分钟
$\frac{3}{4}$英寸（19mm）	6	45分钟
1英寸（25mm）	8	60分钟
$1\frac{1}{4}$英寸（32mm）	10	75分钟（需时下限）
$1\frac{1}{2}$英寸（38mm）	12	75分钟

压膜与开胶模

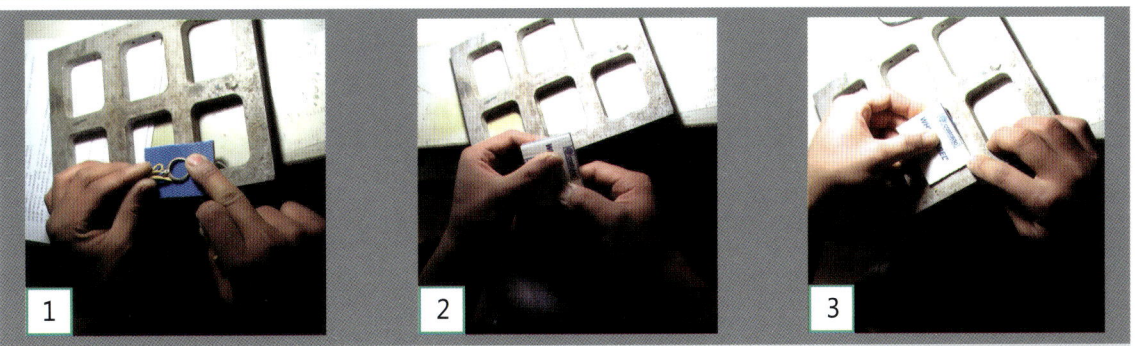

1 根据铝框大小裁剪生胶片
2 生胶片上下夹紧原板
3 放入压模框

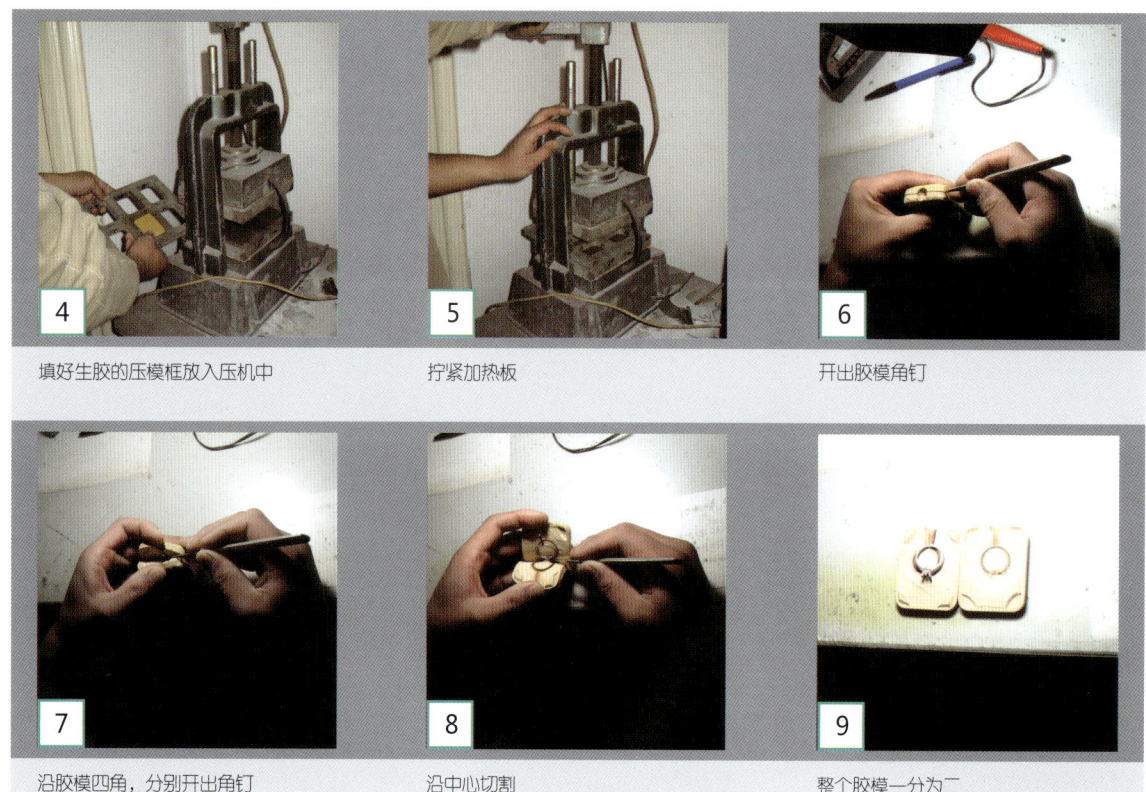

| 4 填好生胶的压模框放入压机中 | 5 拧紧加热板 | 6 开出胶模角钉 |
| 7 沿胶模四角，分别开出角钉 | 8 沿中心切割 | 9 整个胶模一分为二 |

第二节
蜡模

一、注蜡

（1）（新注蜡机初用时）在空压机内加入空压机油，开启空压机，检查空压机的运作是否正常。

（2）在真空泵中加入真空泵油，开启真空泵，检查真空泵运作是否正常。

（3）仔细阅读注蜡机使用说明书。

（4）用空气管将空压机与注蜡机上的进气阀相连。

（5）用真空管将真空泵与注蜡机上的真空阀相连。

（6）选择所需型号的蜡片，放在不锈钢容器中，用温控电炉加温进行煮蜡。

（7）煮蜡时不能将蜡煮沸，电炉温度应控制在80℃左右，否则煮沸过的蜡液，经注蜡后，会在蜡模上产生气泡。

（8）待蜡液全部熔化后，用过滤网或纱布进行过滤，滤去蜡片中残留的少量杂质。因蜡片中的杂质和灰尘极易使产品产生砂眼。

（9）打开注蜡机上的蜡缸盖，将过滤后的蜡溶液沿着缸壁加入蜡缸中。

（10）盖上蜡缸盖，均匀地拧紧蜡缸盖上的四个紧固螺丝。

（11）开启注蜡机加温开关，将蜡缸温度和蜡嘴（注蜡口）温度调到70～75℃之间。

（12）开启空压机，将注蜡机上的气压开关打开，气压的大小应根据不同蜡模的大小而定，通常将气压控制在3～15MPa之间。气压太小，会导致蜡液流动不畅；气压过大，会使蜡模产生夹层和披峰。

（13）控制蜡液的流量，也就是注蜡时间，流量过小，造成蜡模不成形，俗称注不足；流量过大，则会造成溢蜡和严重披峰。

（14）开启真空泵，打开注蜡机上的真空阀。

（15）上、下用两块夹板夹住胶模，双手上下捏紧、平端，将胶模注蜡口对准注蜡机上的注蜡嘴，平稳地向前顶住蜡嘴。

（16）用脚踩踏踏板开关，注蜡机内的蜡液注向胶模空腔。

（17）如注蜡机配有自动机械装置的话，则调整机械手与注蜡机上蜡嘴的位置，将胶模直接放在模架上，即可踩踏开关，进行注蜡。

（18）注好蜡的胶模，平放在桌上稍许冷却，待胶模中的蜡模凝固后，打开胶模，取出蜡模（脱模）。

（19）胶模经多次注蜡后，内壁腔会出现粘蜡现象，造成脱模困难和蜡模表面粗糙，这时，可在注蜡前向胶模内壁喷些脱模灵喷剂，即可消除此现象。

二、修蜡模

（1）检查蜡模，剔除不合格的残次品，将有披峰和双层的蜡模挑拣出来。

（2）用修蜡刀，修去蜡模上的披峰及双层处，修过的蜡模表面应光洁、平滑，无明显刮痕。

（3）修改戒指蜡模手寸，用手寸棒测量戒圈，将手寸过大的蜡模用手术刀切去戒圈的多余部分，然后用焊枪将断口处焊上。

（4）将手寸过小的戒圈用手术刀切开，在断开处焊上一段与戒圈粗细、形状相同的蜡料。

（5）修改手寸后的戒指蜡模，应保持其原来的款式和形状（故意改变款式的产品除外）。

（6）截去过长的浇道，接补上过短的浇道。

（7）用软毛刷刷去蜡模上的碎蜡屑。

（8）放在蜡模盘中，置在阴凉之处。

注蜡机

注蜡

胶模

胶模

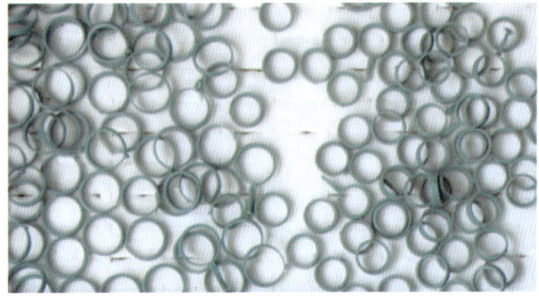

各种蜡模

修蜡模

修蜡模

三、种蜡树

浇铸材料、浇铸机类型及蜡模款式的不同，每次浇铸产品的多少，这些都决定了种植蜡树的方法和形状。

■ 1. 适合金、金合金及银合金等材料的浇铸

（1）根据钢铸筒的高度和直径，选择相同规格的铸筒胶底。

（2）根据胶底上蜡树孔的直径和铸筒的高度，准备预先制作好的蜡树棒。

（3）将蜡树棒置入胶底孔中，并垂直熔好。

（4）将焊蜡枪的温度调至 80～100℃。

（5）右手持焊蜡枪在蜡树棒上烫熔一个深约 3mm 的小洞。

（6）左手持蜡模，将浇道顶端立即插进小洞中，凝固。

（7）整棵蜡树的直径应小于钢铸筒内径约 15～20mm，每个蜡模的浇道与蜡树棒应呈 45°角。

■ 2. 适合铂合金及钯合金等材料的浇铸

（1）用蜡料做出圆形蜡头或在胶模中制出其他蜡底座，如单层薄片底座、多枝并列底座、十字交叉底座等。

（2）根据产品的款式、数量，选择不同的底座来种植蜡模。

（3）蜡模的排列方法及浇道与底座的角度，对产品的质量有着很大的影响，在安置蜡模的浇道时，要注意尽量减少回材和铸件废品的产生。

（4）浇道的截面积最小不能小于直接连接铸件处的最大面积，使得浇道在浇铸中最后凝固，使补缩能够进行充分。

（5）浇道与铸件的相连处必须平滑，防止紊乱的金属熔液流的产生。在浇铸过程中，最易产生浇不足和废品的部位为：

①较长的丝和管子。

②面积较大并且较薄的地方。

③开口小的深孔或凹陷的腔体。

④自身严重弯曲的部位。

⑤呈倒 V 形的锐角处。

种蜡树

种蜡树

蜡树

第三节 铸模

一、灌浆与抽真空

1. 铸粉

浇铸金、金合金或银合金的铸粉通常使用精制烧石膏的石膏基铸粉，它在浇铸中用量较大且价格便宜，很适合大多数合金的浇铸，但由于其耐高温性不够强，且含有一定量的硫，因此不适合铂合金的浇铸。而铂合金的铸粉一般是磷脂基的，含有耐火粉剂硅，与乙醇或磷酸及镁土混合，制成铸粉模浆后，有着较理想的可灌注性。

磷脂基铸粉具有较强的搅溶性，比起石膏铸粉，它很难在搅拌过程中被搅拌均匀，所以需要用较大功率的搅拌机来进行搅拌。

2. 铸模

在灌浆制作铸模时，需要进行适当的振荡和抽真空，尤其是要除掉蜡模表面的气泡。

石膏基铸模的凝固时间约在 6~7 分钟，而磷脂基的铸模约在 14~18 分钟内凝固，且一旦凝固后就不应再沾湿。

石膏基模要用阻滞剂，以延缓凝固时间，而磷脂基模则要用加速剂，以加快凝固速度。

3. 钢铸筒

铸模在焙烧过程中，最终温度会达到 1000℃左右，因此用来制作钢铸筒的金属材料必须能经得住高温的焙烧，通常使用的钢铸筒是由不锈钢或铬镍合金制成的。

4. 铸粉与水的配制比例

每一种牌号的铸粉，其使用的方法略有不同，但都配有调配说明书，铸粉与水的比例通常为：

1kg 铸粉 +380~400ml 水，在 20℃时为最佳配制水温。

在配制粉浆时，若水过多，焙烧后的铸模容易爆裂；若水过少，焙烧后的铸模所浇铸出来的产品表面就会粗糙。

粉浆在搅拌过程中，总的搅拌时间不应超过 8~9 分钟。在搅拌机上，铸粉完全溶开、不存在粒状的时间为 3 分钟，搅拌应视粉浆被搅出黏性为止。

5. 抽真空

粉浆经搅拌后，连搅拌容器一起进行约 2~2.5 分钟的抽真空，再将浆液倒入铸筒中。粉浆倒入时，应顺着铸筒往下倒，不能直接冲击铸筒中的蜡模，以免造成蜡模的损坏。

灌入粉浆的铸筒，须再次进行抽真空，彻底抽掉浆液中的气体，时间约为 1~1.5 分钟。

抽真空的时间控制很重要，若抽的时间过长，则浆液抽得过干，容易使铸模爆裂；若抽的时间过短，浆液中的气体不能完全抽出，则浇铸出来的产品表面会出现金属小圆球。

抽真空完毕后，不能马上移动铸筒，一定要等铸筒内的粉浆彻底凝固后方可移动。

各种钢铸筒

白胶底

黑胶底

二、脱蜡与焙烧

（1）将焙烧炉温度调至 100℃。

（2）将经干燥后的铸模筒放入焙烧炉中，浇铸口朝下，继续升温。

（3）当炉温升至 150℃时，铸模中的蜡完全熔化，开始脱蜡。

（4）当炉温升至 250℃时，保温 2 小时。

（5）蜡液完全脱尽，铸模完全干透，继续升温。

（6）升温标准为每小时 100℃，升温不宜过快，否则易造成铸模的温度外面高、中心低的不均匀现象。

（7）当炉温升至 700℃时，应适当进行保温，然后根据所浇铸产品的体积大小进行适当的降温，如较小的吊坠、耳钉等，降温至 620 ~ 650℃；较大的男戒等，降温至 550 ~ 600℃。

（8）保温约 1 小时，如炉温过高，会导致产品的严重砂眼；炉温过低，会导致产品的浇铸不足。

（9）铂（Pt）合金饰品铸模的焙烧温度和时间参考：

第一阶段：150℃，2 小时

第二阶段：300℃，2 小时

第三阶段：500℃，2 小时

第四阶段：750℃，2 小时

第五阶段：940℃，2 小时

搅拌机

抽真空、倒模一体机

焙烧炉

倒模机与钢铸筒

脱蜡与焙烧

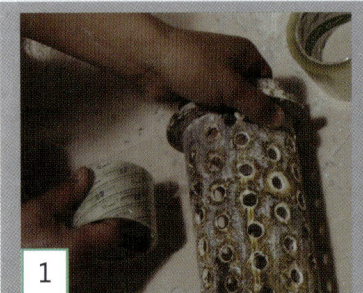
1 用透明吸布将铸筒包好

2 检查蜡树与底座是否装接牢固

3 将蜡树放入铸筒

4 往搅拌容器中注入一定量的水

5 加入一定比例的铸粉

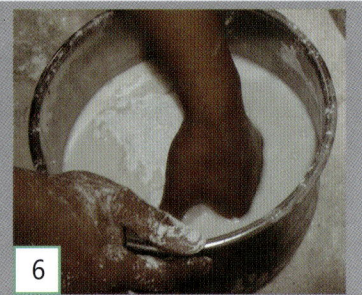
6 用手初步搅拌

7 将浆液放入搅拌机

8 开启搅拌机

9 搅拌中用手扶住容器

10 将搅拌好的浆液放上抽真空机

11 开启抽真空机

12 抽真空过程中，适当按压住容器

13 适当捶打抽真空机，以利于空气抽出

14 抽真空结束后，将浆液倒入铸筒

15 将盛满浆液的铸筒根据铸粉的不同静置4～10小时

16 将铸筒放入焙烧炉中

第四节
GD-VPC400 型真空加压铸造机操作方法

一、主要技术参数

（1）输入电源：三相 380V±10%，50/60 HZ。

（2）输入功率：最大 9.5KVA。

（3）钢铸筒规格：带孔直筒形 ϕ 115×230mm，ϕ 127×230mm。

（4）使用坩埚：专用石墨坩埚。

（5）适合浇铸的材料：金、银、铜、金合金、银合金、铜合金。

（6）坩埚容量：约 200ml。

（7）温度范围：标准 K 型热电偶 1300℃。

（8）最大加压压力：0.3MPa。

（9）使用保护气体：惰性气体。

（10）冷却方式：直通式水冷却。

（11）铸造方式：真空吸引加压。

（12）真空装置：外置真空泵。

（13）环境温度：5～30℃。

（14）冷却供水：水压大于 1.5kg/cm^2。

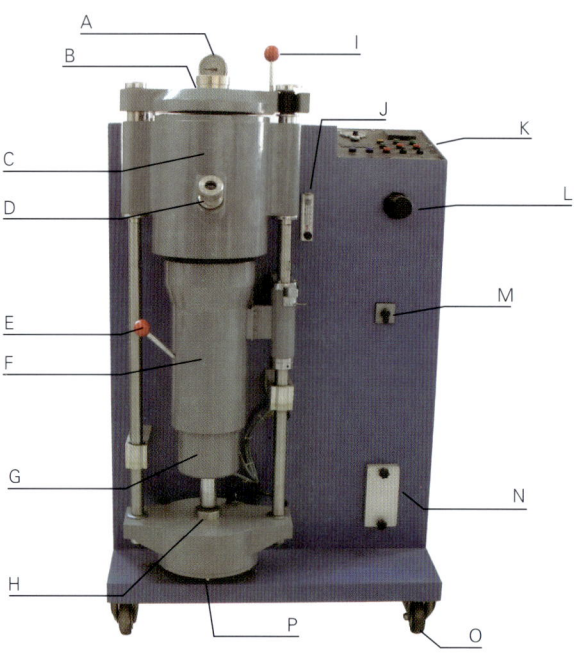

GO-VPC400型真空加压铸造机
A.熔解室压力表；B.熔解室观察窗；C.熔解室盖；D.铸型室观察窗；E.铸型室把手；F.铸型室；G.铸筒上升气缸；H.气缸盖；I.熔解室把手；J.流量计；K.控制面板；L.加压容器减压阀；M.主电源开关；N.过滤器盖板；O.滚轮；P.锁定气缸

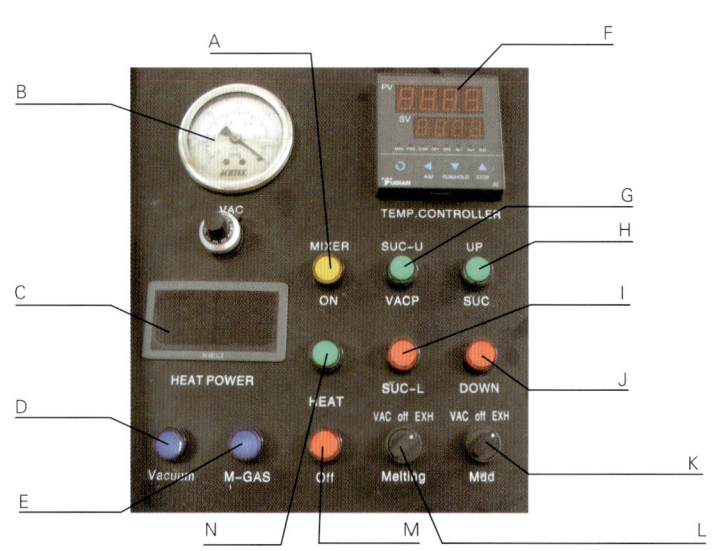

操作面板
A.电磁搅拌；B.铸造真空；C.加热功率显示；D.真空泵开/闭；E.充保护气体开/闭；F.温度控制器；G.锁定/降；H.塞棒（上）；I.打开/升；J.塞棒（下）；K.铸型室（抽真空/放气）；L.熔解室（抽真空/放气）；M.加热闭；N.加热开

二、主要部件名称

（1）熔解压力表：显示熔解室内压力情况。

（2）熔解室观察窗：观察坩埚中金属熔解状况。

（3）熔解室：内置加热线圈、坩埚及金属材料。

（4）铸型室：内置铸模及铸入金属液成型后的铸件。

（5）主电源开关：输入电源总开关。

（6）加压容器减压阀：调节容腔气体压力。

（7）流量计：保护气体流量。

三、操作面板

（1）电磁搅拌：在中频熔金过程中，采用间歇断电的脉冲加热方式，能使在熔融状态下的金属得到充分搅拌。

（2）温度控制器：根据所熔金属的不同熔点，设定最佳温度。

（3）塞棒（上）（下）：塞棒下降，堵住坩埚下料口，使金属在坩埚中得到加热、熔化。塞棒上升，熔化的金属经过坩埚下料口进入铸型室中的铸模内，进行浇铸。

（4）铸型室／熔解室（抽真空／放气）：控制铸解室／熔解室中抽真空状态，开启时为抽真空状态，放气时则由机外的空气进入铸型室／熔解室。

（5）加热开／闭：开启时，加热线圈开始工作，对坩埚中金属产生作用，直至升温、熔化；关闭时，则切断加热电源，停止升温。

（6）充保护气体开／闭：向熔解室充放氩气或氮气，避免熔化铸造中的产品发生氧化。

（7）加热功率显示：即时反映中频加热时的功率。

（8）真空泵开／闭：根据需要，控制浇铸时的抽真空或关闭抽真空。

四、浇铸前的准备工作

（1）检查真空泵的连接和它的旋转方向（设备初装时）。

（2）检查惰性气体管道的连接和压力设定。

（3）检查冷却水的进、出是否流畅。

（4）检查进线电源的连接是否正确（设备初装时）。

（5）在熔解室内放置坩埚和投料盖。

（6）根据预先计算出的金属重量，放进坩埚中。

（7）检查塞棒位置是否移动过，塞棒的顶端应放置在坩埚下料口的正中间，完全堵住下料口。

（8）检查热电偶的安装位置。

五、操作规范

■ 1. 面板操作

（1）Vacuum（真空泵开／闭按钮）

按压 Vacuum 按钮，启动排气真空泵，注意真空泵的旋转方向，真空泵油应无变质。如再次按压该按钮，真空泵将会停止运转。

铸型室

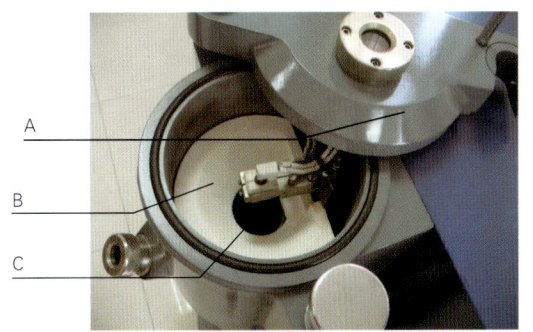

熔解室　A.熔解室盖；B.投料盖；C.塞棒

（2）M-GAS（充惰性气体）按钮

按压 M-GAS 按钮，惰性气体会自动注入溶解室，注入速度可由气体流量调节器控制。如再次按压该按钮，惰性气体停止注入溶解室。

（3）MIXER（电磁搅拌）按钮

按压 MIXER 按钮，自动进入脉冲加热方式，通过脉冲加热，会搅动金属熔液，使所熔合金均匀混合。如再次按压该按钮，将会恢复普通的加热方式。

（4）HEAT（加热）按钮

按压 HEAT（绿色）按钮，启动加热程序，加热线圈开始对坩埚中的金属进行加热、升温，直至熔化。如按压 HEAT（红色）按钮，将停止加热。

（5）VACP（合盖/紧身）按钮

按压 VACP（绿色）按钮，盖子会自动下降并锁定。如按压 VACP（红色）按钮，盖子便会自动上升并开锁。

（6）SUC（塞棒 上/下）按钮

按压 SUC（绿色）按钮，塞棒上升，并自动注入加压气体，熔化的金属液体自动注入铸型室内的铸模中（注意必须在盖子下降并锁定铸型室，同时将铸筒放入并用密封圈密封时，方可按压此按钮进行浇铸）。如按压 SUC（红色）按钮，塞棒将会下降，堵塞坩埚出料口。

（7）Melting（熔解室）排气旋钮

将 Melting 旋钮左旋至 VAC 位置，抽出熔解室内空气。如右旋至 EXH 位置，开通熔解室与机外排气口。旋钮置于中间时，停止进出气。

（8）Mold（铸型室）排气旋钮

将 Mold 旋钮左旋至 VAC 位置，抽出铸型室内空气，铸型室内呈负压状态。如右旋至 EXH 位置，机外的空气将进入铸造室。旋钮置于中间时，停止进出气。

■ 2. 电源开关操作

（1）旋转电源钮指向 ON 位置，电源接通，操作终了后；旋转电源开关指向 OFF 位置，断开电源。

（2）在使用过程中，当断路器开关跳闸时，说明过载电流已经进入机器，这时应立即检查原因，并采取必要措施，将开关旋钮转至 OFF 位置，故障排除后再将开关旋转至 ON 位置。

■ 3. 操作要领（注意事项）

（1）接通电源开关后，供电、接地状况应正常。

（2）接通冷却循环水，水泵情况应正常。

（3）打开盖子，按压 SUC（绿色）按钮，检查塞棒能否正常上升；按压 SUC（红色）按钮，检查塞棒能否下移正常，同时检查塞棒顶端是否完全堵住坩埚的出料口。

（4）盖好熔解室上的盖子，推入铸型室至合适位置，随后按压 VACP（绿色）按钮锁定盖子，在锁定盖子的情况下，按钮"Melting""M-GAS""Mold""SUC"都会有所动作。

（5）左旋 Melting 旋钮，指向 VAC，开始抽熔解室真空。

（6）当真空度达到 98～100KPa 时，可暂停抽真空（真空程度会在真空表中显示出来）。

（7）右旋 Melting 旋钮，指向 EXH，空气会进入熔解室腔内。

（8）在真空状态下，检查以下内容：

按压 M-GAS 按钮，惰性气体被注入。

按压 SUC（绿色）按钮，加压气体会注入熔解室内（压力变化会在压力表中显示出来，当腔内压力超过设定最高压力时，气体会向外溢出）。

（9）按压 HEAT（绿色）按钮，进行加热，在试加热过程中，最好先将 TEMP CONTROLLER（温度控制器）设定在 400℃以下，以保护坩埚和其他周围部件，温度控制器的测试值会显示热电偶（测温棒）现在得到的有效温度。

（10）检查显示器上的测试值是否上升，在操作面板上显示的功率是机内中频发生器的输出功率。

（11）按压 SUC（绿色）按钮来检查加压动作时，

测试压力的大小是否在设定的要求中。在此操作中，如想打开盖子，必须先排气，待回复至标准大气压，方可按压 VACP（红色）按钮打开盖子，千万不可在有压力的情况下按压 VACP（红色）按钮，以免造成损伤。

六、铸筒的放置和位置的调整

■ 1. 铸筒和其他部件的位置结构

（1）铸筒上边缘和下边缘的石膏粉会影响浇铸的结果，在将铸筒放进焙烧炉前，刮清铸筒上下边缘残留的石膏粉。不要使用已经变形的或缺损的钢铸筒。

（2）检查上、下石膏表面，不要超出铸筒的上下边缘，以保证浇铸时的密封性。

（3）铸筒放入后，应与铸筒座保持吻合，铸筒应彻底入座，不可倾斜。

（4）清除铸筒座内的残留石膏粉，使铸筒放入时不会倾斜。

■ 2. 铸筒的放置

铸筒滑进铸型室的自动下降和滑出铸型室的自动上升。

■ 3. 铸筒上顶压力的调整方法

（1）上顶压力过大，易造成铸模开裂。

（2）上顶压力过小，易造成气体从密封圈间隙泄漏。

（3）使用气体压力阀，将气体压力调至标准值。

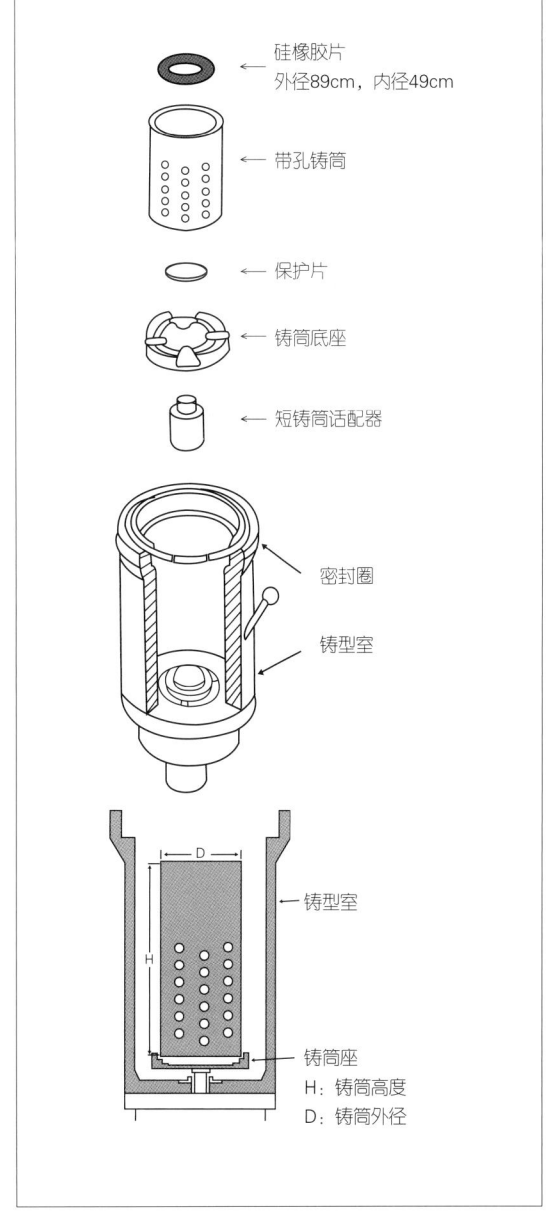

铸筒与铸筒座的尺寸

铸筒座	能被使用的铸筒的尺寸	
	高度（H）	外径（D）
铸筒座	190～230mm （7$\frac{1}{2}$～9英寸）	89mm（3$\frac{1}{2}$英寸） 至 127mm（5英寸）
铸筒座 和短铸筒的适配器一起使用 （H=40mm）	150～190mm （6～7$\frac{1}{2}$英寸）	

第五节
GD-350C 型真空离心铸造机操作方法

一、主要技术参数

（1）输入电源：三相 380V，50/60HZ，25A。

（2）使用铸筒：不锈钢，无孔管。

（3）使用坩埚：专用铸造坩埚。

（4）适合浇铸的材料：铂合金、钯合金、银合金、铜合金、不锈钢等。

（5）使用保护气体：惰性气体。

（6）使用空气压力：6kg/cm^2。

（7）使用惰性气体压力：≥ 2kg/cm^2。

（8）冷却方式：水冷却。

（9）冷却水温度：10～30℃。

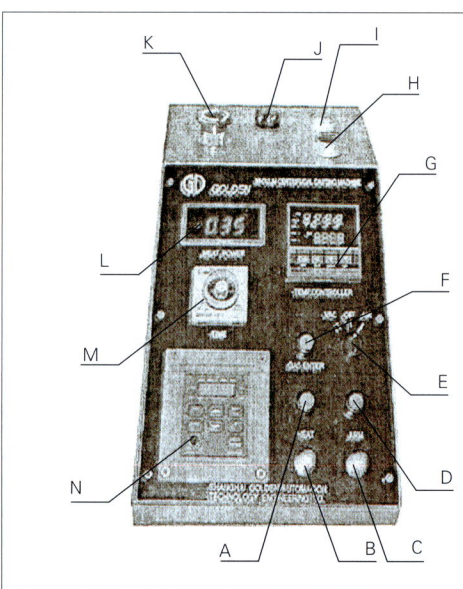

操作面板
A.加热按钮：加热线圈开始加热；B.加热停止按钮：加热线圈停止加热；C.线圈（降）按钮：线圈下降，脱离坩埚；D.线圈（升）按钮：线圈上升，套于坩埚外圈；E.真空/排气旋钮：抽出真空，放入空气，平衡机内、外气压；F.充保护气体按钮：充入惰性保护气体；G.温度控制器：设定所需的金属熔化温度；H.盖板关闭按钮：盖板自动关闭，密封炉腔；I.盖板开启按钮：盖板自动打开；J.断水报警器：冷却水系统出现故障；K.离心旋转急停按钮：立即停止离心旋转臂；L.功率显示器：显示目前中频输出功率；M.定时器：设定离心旋转（浇铸）时间；N.电机控制器：控制电机工作转速

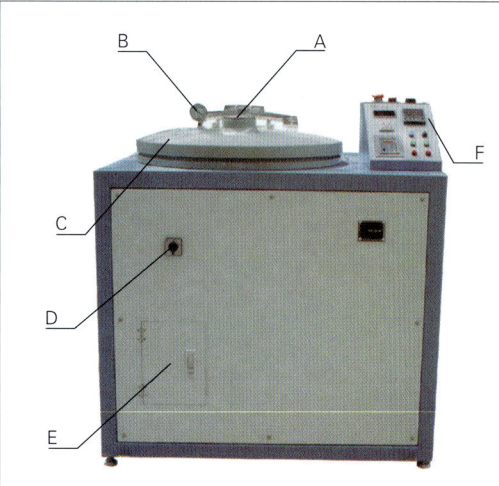

GD-350C型真空离心铸造机
A.熔解室观察窗：观察坩埚中金属熔解状况；B.真空表：观察机内抽出真空状态；C.机盖：炉腔密封盖板；D.主电源开关；E.过滤器：过滤抽出真空时机内的空气；F.操作面板

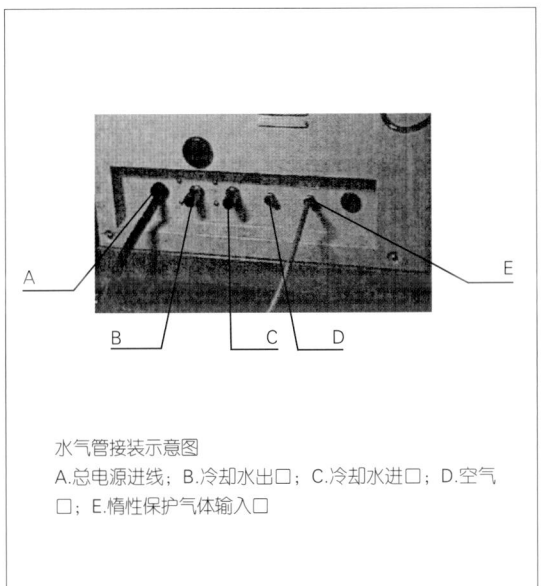

水气管接装示意图
A.总电源进线；B.冷却水出口；C.冷却水进口；D.空气口；E.惰性保护气体输入口

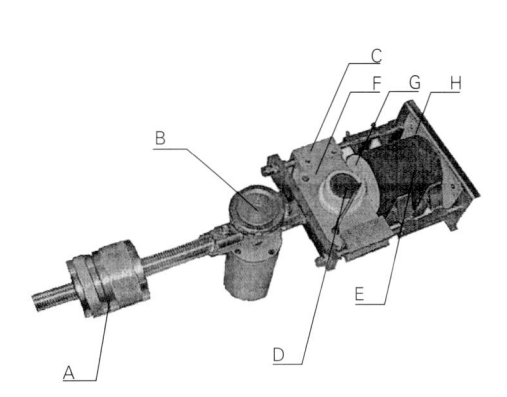

离心旋转臂
A.平衡螺母；B.压紧手轮；C.坩埚托架；D.坩埚；E.铸筒、石膏铸模；F.坩埚滑架；G.铸筒、铸模托架；H.铸筒后侧挡板

二、操作步骤

（1）接通总电源，按压"盖板开启"按钮，这时，铸造机的盖板会自动开启，同时打开水冷却装置。

（2）拧松压紧手轮，使离心旋转臂装置能自由转动。

（3）在坩埚中装入所需重量的金属，把坩埚放进坩埚滑架上的圆孔中，坩埚出料嘴朝向铸筒后侧挡板。

（4）从焙烧炉中将铸筒钳出，铸口朝向坩埚，放进铸模托架。

（5）调节平衡螺母，使压紧手轮两侧的重量相对达到平衡。

（6）拧紧压紧手轮。

（7）轻轻转动离心旋转臂，旋转感觉应轻松自如，不能有卡止现象。

（8）将坩埚推至加热线圈的中心位置。

（9）按压线圈（升）按钮，线圈上升，正好套在坩埚外侧。

（10）按压"盖板关闭"按钮，盖板自动关闭，开启真空泵。

（11）将"真空/排气"旋钮向左旋，工作中的抽真空泵抽出炉腔内的空气。

（12）将"真空/排气"旋钮向右旋至中间"OFF"位置，停止抽真空。

（13）按压"充保护气体"按钮，向炉腔内注入保护气体。

（14）按压"加热"按钮，加热装置（中频）开始对坩埚进行加温。

（15）坩埚中的金属达到工艺要求中的铸造点时，关闭保护气体。

（16）按压"线圈（降）"按钮，这时在线圈下降的同时，离心旋转臂立即旋转，通过离心作用，将坩埚中熔化的金属液甩入铸模中。

（17）浇铸完成，将"真空/排气"旋钮向右旋转，将空气排入炉腔内。

（18）观察真空表，待指针为"0"时，按压"盖板开启"按钮，打开盖板。

（19）将坩埚托架向后移动，使之与铸筒之间有一定的空隙。

（20）用钳子取出铸筒，进行爆模。

（21）关闭主电源，关闭真空泵。

（22）待坩埚冷却后，关闭水冷却装置。

第六节
GD-80型铸造回转加压铸造机操作方法

一、主要技术参数

（1）输入电源：单相220V。

（2）中频输出：0～4KW。

（3）铸造压力：3kg/cm^2。

（4）使用保护气体：惰性气体。

（5）冷却方式：直通式水冷却。

（6）铸造方式：真空、压力、铸模回转。

（7）真空装置：外置真空泵。

（8）适合浇铸的材料：金、金合金、铂合金、银合金、钯、钯合金、铜、铜合金等。

二、主要部件名称

（1）正、负压压力表：显示炉腔内压力情况。

（2）上盖锁紧手柄：前拉，锁紧上盖；后推，上盖解锁。

（3）观察窗：观察坩埚中金属熔解状况。

（4）侧盖：打开、放入或取出铸模。

（5）侧盖锁紧手柄：向下，锁紧侧盖；向上，侧盖解锁。

（6）铸造手柄：前拉，铸造开始；后推，铸造完成。

三、铸造前的准备工作

（1）确认真空泵的连接和旋转方向是否正确。

（2）检查惰性气体的连接是否正确，并设定所需的压力。

（3）检查冷却水的进、出水管道是否畅通。

（4）检查输入电源线的连接和输入电压。

（5）将与机器相匹配的坩埚放入熔解室中的加温线圈内。

（6）轻轻扳动铸造手柄，使坩埚嵌入合适的位置。

四、操作步骤

（1）将已称重好的金属材料放入坩埚中。

（2）盖上上盖，前拉上"盖锁紧手柄"，将上盖锁定。

（3）盖上侧盖，按下"侧盖锁紧手柄"，将侧盖锁定。

（4）将"保护气体控制开关"向左旋，此时，"抽真空显示"灯明亮，开始排出铸型室内的空气。

（5）观察"正、负压压力表"的指针，待指针指向所需的位置时，将"保护气体控制开关"旋至中间位置，停止排气。

（6）按压"加温开关"，开始加温。

（7）将输出功率调节旋钮调至所需的位置。

（8）戴上护目眼镜，通过"熔解室观察窗"观察金属熔化程度。待坩埚中金属完全熔解后，按压"加温停止开关"，停止加温。

（9）如所熔的金属需要气体保护的话，将"保护气体控制开关"向右旋，此时保护气体就会注入铸造室内。

（10）观察"正、负压压力表"的指针，待指针指向所需的位置时，将"保护气体控制开关"旋至中间位置，停止保护气体注入。

（11）打开机箱左侧排气开关，将铸型室内的气体排出，待"正、负压压力表"的指针指向"0"位置时，将"侧盖锁紧手柄"向上扳动，打开侧盖，将已焙烧好的铸模放入。

（12）盖上侧盖，按下"侧盖锁紧手柄"，将侧盖锁定。

（13）将"保护气体控制开关"左旋，排出铸造室内空气。

(14)按压"加温开关",再次加温。

(15)待金属熔化温度达到铸造温度时,开启"L-左转"或"R-右转"开关,使铸模旋转起来。

(16)将"铸造手柄"向前拉,使熔解室中的坩埚将熔化的金属液注入旋转中的铸模内,进行浇铸。

(17)将"铸造手柄"后推至原来位置,铸造完成。

注意:没有石墨内胎的坩埚不允许空载启动加温,铸型室内有气体时,不允许强行打开盖子。

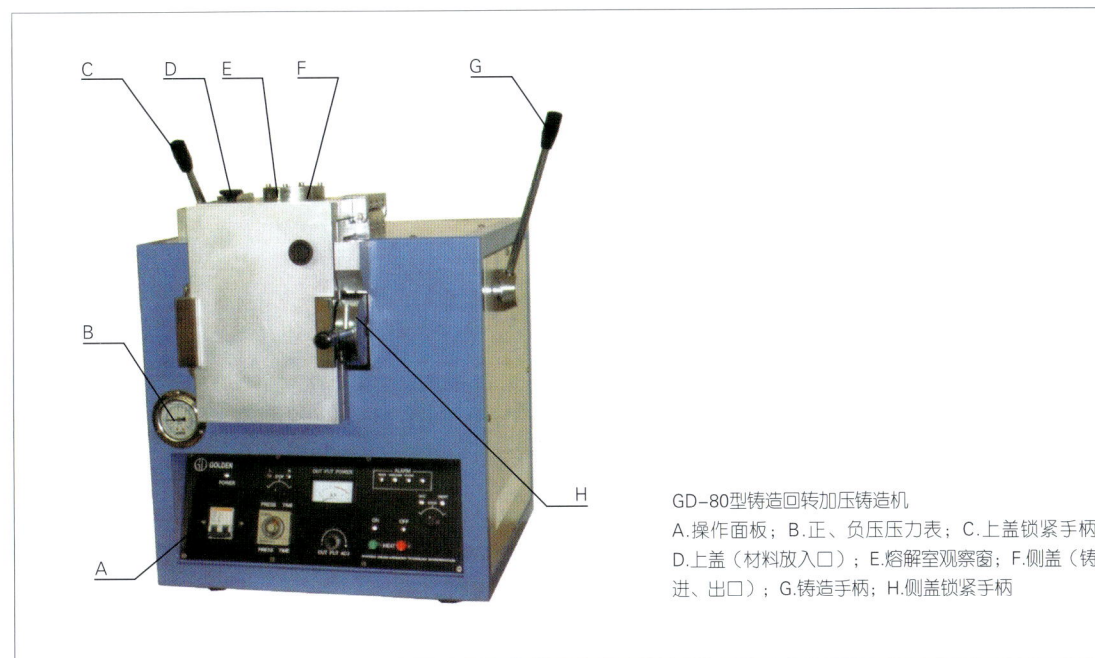

GD-80型铸造回转加压铸造机
A.操作面板;B.正、负压压力表;C.上盖锁紧手柄;D.上盖(材料放入口);E.熔解室观察窗;F.侧盖(铸模进、出口);G.铸造手柄;H.侧盖锁紧手柄

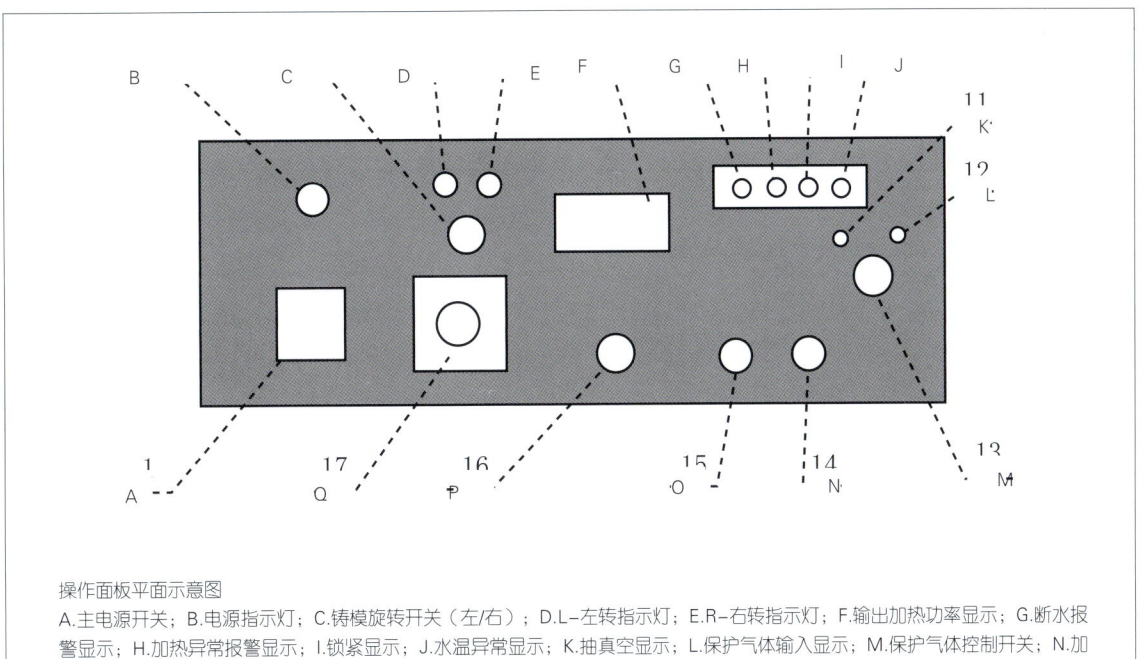

操作面板平面示意图
A.主电源开关;B.电源指示灯;C.铸模旋转开关(左/右);D.L-左转指示灯;E.R-右转指示灯;F.输出加热功率显示;G.断水报警显示;H.加热异常报警显示;I.锁紧显示;J.水温异常显示;K.抽真空显示;L.保护气体输入显示;M.保护气体控制开关;N.加温停止开关;O.加温开关;P.输出功率调节;Q.加压保持时间控制器

第七节
爆模及剪枝

一、爆模和冲洗

（1）将铸造完成后的铸模，用专用铸模钳从铸造机内取出，放置在耐火板上稍许冷却。

（2）用铸模钳夹住铸模，置于冷水桶中，上下搅动，使铸模中的石膏块在冷水中爆裂、脱落。

（3）待铸模完全冷却后，取出铸模，并将金属铸树从铸筒中取出。

（4）将金属铸树放进石膏冲洗机内，将手套入连接在石膏冲洗机上的胶质手套中。

（5）手持金属铸树，用脚踏或手动开启石膏冲洗机中的高压水枪，用强大的水流冲洗金属铸树上的石膏粉，直到冲洗干净为止。

（6）戴上防酸手套，将金属铸树放入氢氟酸液中浸泡，浸泡时间的长短则根据残留的石膏粉多少而定。总之，必须将金属铸树上的石膏粉完全浸泡干净为止。

（7）从氢氟酸中取出金属铸树，用清水彻底冲洗干净酸渍、烘干。

二、剪枝和研磨

（1）用专用剪枝钳，将铸件于水口处从铸树上依次剪下。

（2）仔细检查每一件铸件，剔除不合格的铸件。

（3）将铸件放入磁性研磨机中研磨15～30分钟后取出。

（4）冲洗干净、烘干。

（5）再次检查每一件铸件，将有严重砂眼或浇铸不完全的铸件剔除。

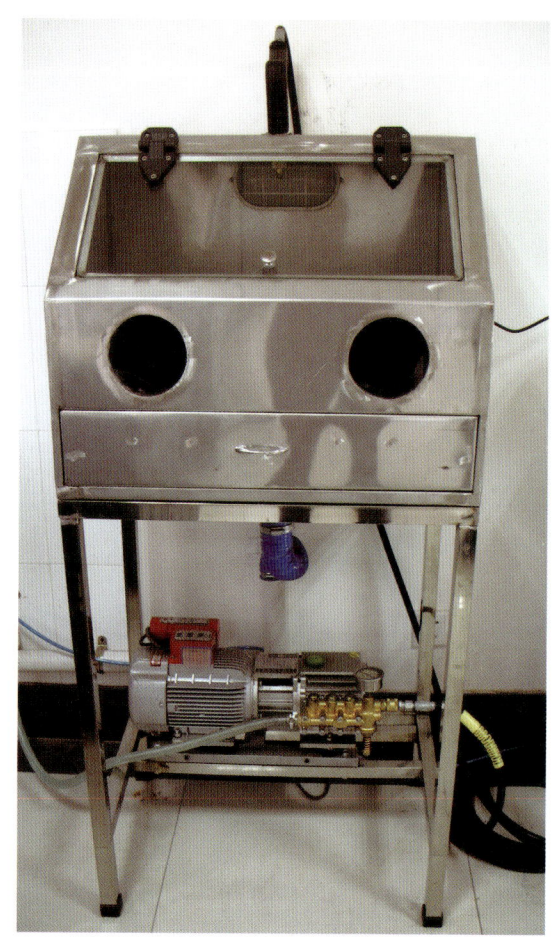

石膏冲洗机

第6章
执模与镶嵌

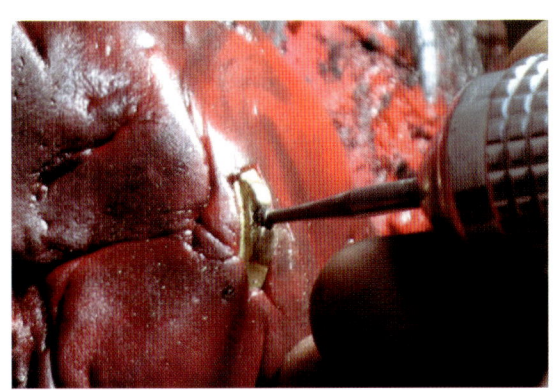

第一节
执模

执模是成功浇铸后的第一道工序，执模的要求是把一件经过浇铸后的饰品铸件，修执成一件线条优美、角度挺括、镶口清晰、尺寸准确、完整无缺的半成品。

执模工序的操作，除了要具备熟练的工艺技术外，还必须对金属材料的性能、饰品整体的结构及设计人员的意图有较深的了解和领悟，并且备有所需的常用执模工具。

一、常用的执模工具

（1）戒指棒、坑铁、槽铁、铁墩。

（2）吊机、熔焊机。

（3）手寸棒、钢尺、卡尺。

（4）大榔头、铁榔头、胶榔头。

（5）大小粗细不同的圆锉、半圆锉、扁平锉、三角锉。

（6）锯弓、锯条、钢压。

（7）方孔、圆孔、半圆孔拉丝板。

（8）平头钳、圆头钳、尖头钳、斜口钳、镊子。

（9）各种规格的执模砂纸。

（10）各种规格形状的打磨胶轮、胶头。

（11）各种规格的钻头、钻针、吸针、伞针、球针、夹针、桃针、绞针。

（12）大、小银剪。

（13）字印、成色印、克拉印。

（14）各种焊料。

（15）有柄毛刷、有柄布轮、有柄毡轮。

二、饰品执模

（1）对需执模的饰品进行外观检验，检查整体形状是否对称、所有花饰和线条是否完整、有无严重砂眼、浇铸的尺寸有无严重缩减。

（2）用专用钳子将变形的饰品进行矫正，矫正时，用力要均匀，选用何种形状的钳子要正确，不可在饰品上留下较深的钳痕。

（3）用木榔头或胶锤在铁墩上将戒指圈的侧边轻轻地拍打平整，使整个戒圈侧视在一条直线上（特殊造型的除外）。

（4）戒指类的饰品需将戒圈套在戒指棒上，用木榔头把戒圈敲圆，再用手寸棒量出手寸是否符合要求。

（5）如戒指手寸偏小的话，将戒圈套在戒指棒上，

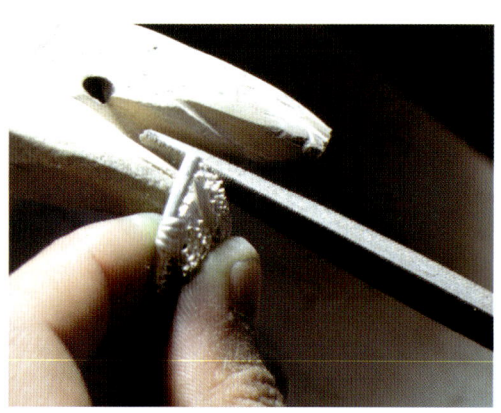

执模

执模

用小号铁榔头沿戒圈轮番进行敲打，敲打时应用力均匀，不可在戒圈上留下较深的锤打痕迹。经过敲打的戒圈周长得到延长，使手寸得到扩大。

（6）如戒指手寸与实际需要的手寸相差太多的话，用锯条将戒圈锯开，中间焊接上一段与戒圈粗细尺寸相同的同质材料，将手寸扩大至所需的规格。

（7）如戒指手寸偏大的话，用锯条直接将戒圈截去一段，得到所需的手寸后，再将断口焊接上。

（8）用粗锉（快锉）将饰品表面粗糙的部位进行锉磨，把水口、夹层、披峰等处锉去，要顺着饰品的角度和形状锉，不可把原有的棱角、花丝及线条锉去。

（9）对经过粗锉的饰品整体检查，对饰品上的砂眼要及时修补，较大的砂眼可用焊料来焊补，而一些细微的小砂眼可用执模机或压刀来进行修复。

（10）用细锉将饰品进行整体锉光。

（11）用绞针、钻针等工具将饰品的镶口、花饰、凹凸处进行打磨、整理，使整个饰品表面的线条清晰、花饰均匀、整体对称。

（12）用油光锉将饰品整体油锉，油锉时用力要均匀，不能损坏饰品上的花纹、线条和棱角。

（13）将有柄胶轮或有柄磨轮安装在吊机上，对饰品上不易被锉刀锉到的部位进行打磨，打磨时应用力均匀。

（14）将400#砂纸剪成长条，裹在砂纸夹针上，做成砂纸棒。

（15）把砂纸棒安装在吊机上，对饰品的平整部位进行打磨。

（16）用砂纸冲把400#砂纸冲成圆片状，装在砂纸棒上，做成砂纸飞碟。

（17）将砂纸飞碮安装在吊机上，对饰品的凹陷部位和花饰处进行打磨。

（18）再用800#、1200#砂纸棒和砂纸飞碟将饰品表面各打磨一遍。

（19）饰品上的局部地方，如有用砂纸打磨不到或一些较粗糙的部位，可将有柄毛刷安装在吊机上，涂抹上少量的抛光膏，对饰品进行局部抛磨，以抛磨去除表面较深的痕迹。

三、执模要求

（1）整体形状符合设计要求，不改变原有的款式和风格。

（2）锉刀锉过的饰品，应轮廓清晰、线条流畅、厚薄均匀。

（3）砂纸打磨时，应将饰品表面所有的锉刀痕打磨掉，花纹和花丝处要清晰明快。

（4）打磨后的饰品，镶齿力求完整、形状美观、粗细长短相同，镶口内外干净光洁。

（5）戒圈的宽度、厚度应匀称，边线应流畅。

（6）执模后的饰品表面应光洁平滑无砂眼。

第二节
镶嵌

一、镶齿

■ 1. 齿镶（又称爪镶）

齿镶是镶口（齿口）边伸出长度适当的金属齿（爪），利用贵金属的变形应力将所镶宝石紧紧扣压住的镶嵌方法，此镶法是最为古老的一种镶嵌法，目前在贵金属首饰制作工艺中也最为常见。

齿镶的形状，可按齿的数量分为双齿镶、三齿镶、四齿镶和六齿镶等。

也可按齿的形状分为三角齿、椭圆齿、方形齿、尖形齿、角形齿、双柱齿和随意齿等。

■ 2. 钉镶（又称硬镶）

钉镶是利用贵金属特有的韧性，用铲针或平枪凿将金属铲起，翻卷成圆球形小钉来固定宝石的镶嵌方法。

钉镶也可分为两钉镶、四钉镶、密钉镶等。

齿镶按齿的数量分

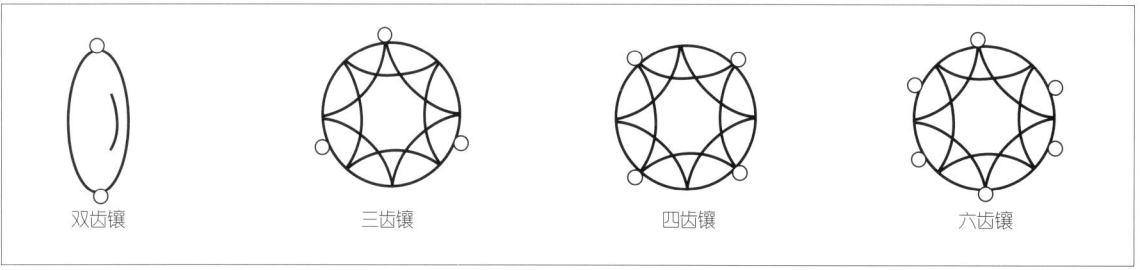

齿镶按齿的形状分

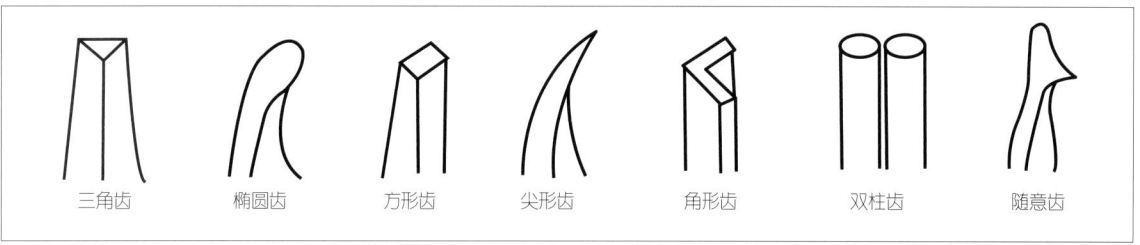

钉镶平面示意图

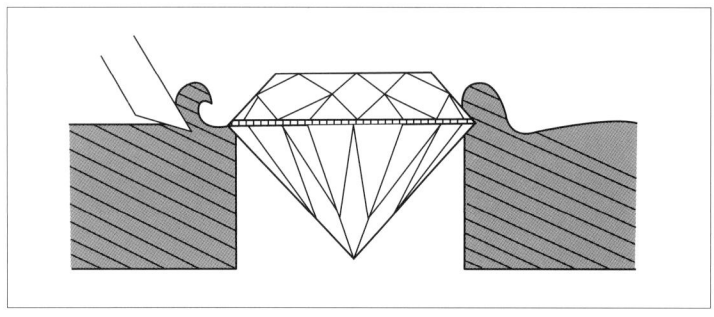

槽镶平面示意图

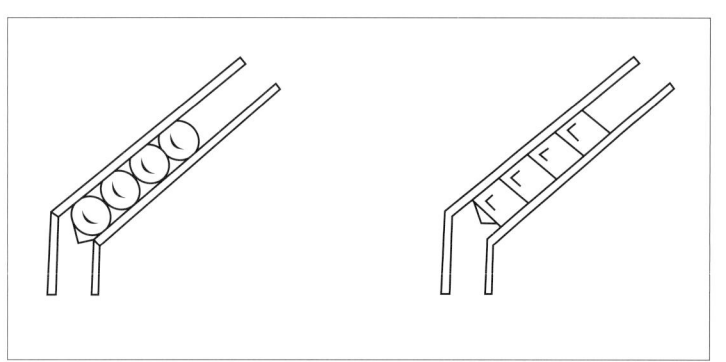

钉镶的分类

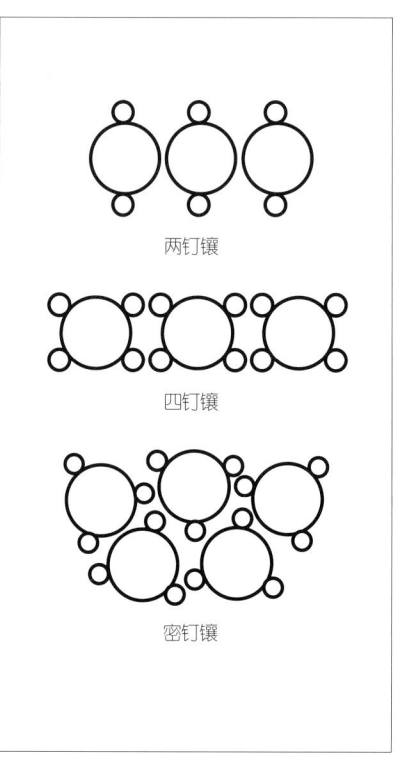

包边镶平面示意图

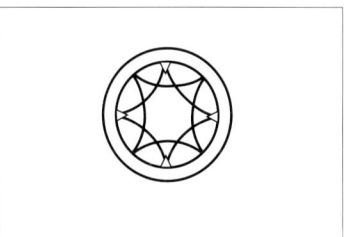

飞边镶平面示意图

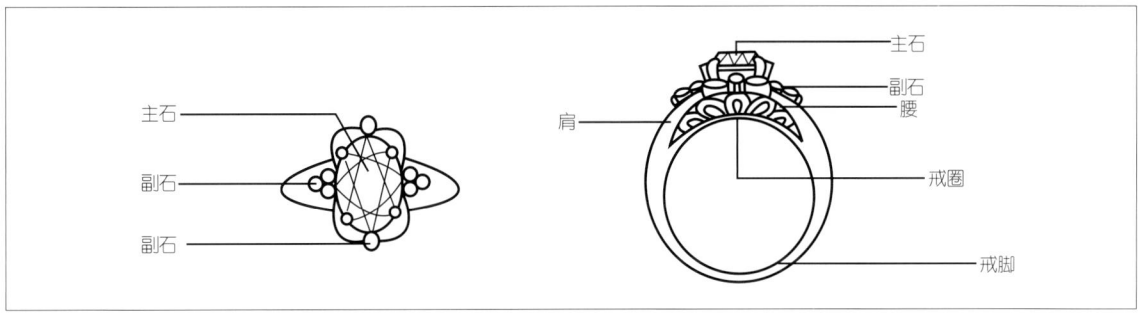

戒指各部位名称平面示意图

■ 3. 槽镶（又称夹镶、迫镶、轨道镶）

槽镶是指用镶口处的贵金属夹住宝石部分边缘的镶嵌方法，此镶法是常用的豪华镶法之一。

■ 4. 包边镶（又称包镶）

包边镶是指用镶口处的贵金属边将宝石四周全部包住的镶法。

■ 5. 飞边镶（又称意大利镶）

飞边镶是指宝石的四周被贵金属镶口边围住，同时又用数枚被铲起的贵金属小钉嵌住宝石的镶法。

二、镶嵌工艺

■ 1. 齿镶法（又称爪镶法）

齿镶法在首饰制作中是使用最多且操作较简单的一种镶嵌方法，其镶法充分利用了贵金属的变形应力，稳固地将宝石嵌住。此镶法的最大特点是突出主石，围绕主石，配以副石或花饰，层次分明、简洁明快。

（1）副石的齿镶方法

① 检查整个镶托的镶齿是否完整无缺。

② 检查副石的直径是否与副石的镶口相符。

③ 在吊机上安装与副石镶口相同规格的碟针或伞针，伸进镶口内，在一根镶齿的内侧铰出镶槽。

④ 检查镶槽的高低与副石是否相宜，然后在其余的镶齿上铰出镶槽。

⑤ 要求每根镶齿上的镶槽高低、深浅都要一致，不能将镶齿的其他部位铰伤或将镶齿铰断。

⑥ 清除干净镶口内的金属屑，用镶石镊子夹住副石放进镶口中。

⑦ 用镊子尖把副石摆平压紧，使副石冠部与镶口边沿吻合并保持平行。

⑧ 用镶石钳或尖平钳以单边钳压方式把镶齿扳压靠紧副石，扳压时，不能用力过猛，以防止副石受力后倾斜。

⑨ 当所有的镶齿都贴紧并嵌住副石后，用拇指和中指夹住饰品，食指抵压住齿尖，再用剪齿钳或斜口钳剪去高过副石台面的镶齿，剪过后的镶齿长度应一致。

⑩ 用小三角锉或小半圆锉将镶齿尖锉平整。

⑪ 在吊机上安装与镶齿规格相等的吸珠，把镶齿尖顶部位吸圆。

（2）主石的齿镶方法

主石一般分为刻面宝石和素面宝石两种，它们的镶嵌方法大同小异，相同的都是利用镶齿的应力抓紧稳固宝石；不同的是因为刻面宝石常常是透明度好、硬度较大、质地较脆的一类宝石，其腰线及棱尖部位既是较脆弱的部位，又是在镶嵌操作时主要受力的部位。

在镶嵌时，为了使宝石得到有效的保护，根据需要，常在镶齿内侧铰出镶槽（卡口）。而素面宝石则不需要在镶齿上铰出镶槽（卡口）。除非是宝石的底面大于镶口而影响镶嵌时，才采用在镶齿上开槽这种办法来补救，以达到将宝石嵌稳之目的。

① 检查主石镶口的镶齿，将歪、斜的镶齿用尖嘴钳校正。

② 用宝石爪或镊子夹住宝石放入镶口中，仔细观察宝石与镶口是否吻合。

③ 镶刻面宝石时，俯视宝石，镶口应不露边。宝石的腰线与镶口沿应呈均匀的平行状。

④ 镶素面宝石时，俯视宝石的外形应与镶口的外形一致，不戴帽、不露边。侧视宝石的底平线与镶口沿呈一条线，两者相吻合而不露缝。

⑤ 镶口若略变形，用尖平钳扳正复原，使之与宝石吻合。

⑥ 镶口略小的，用飞碟针或桃针等铰刀，铰铣扩大镶口沿，使其尽量与宝石吻合。

⑦ 镶口露底的，通常在镶口内加焊一圈与饰品相同材质的丝或片，使镶口略缩小并抬高镶位，以符合镶嵌要求。

⑧ 如素面宝石底面与镶口沿之间有缝隙，可根据实际情况，用小锉刀将镶口沿稍许锉削整理一下即可。

⑨ 刻面宝石与镶口相符合，以宝石腰线高度为准，用飞碟针或伞针在镶齿内侧铰出镶槽（卡位）。

⑩ 用镊子夹住宝石放入镶口中，确认镶槽（卡位）与宝石相符。

⑪ 用尖平钳以对角嵌压方式对镶齿逐一嵌压，使镶齿紧贴宝石冠部主刻面。

⑫ 用钢针拨挑宝石，确认宝石嵌牢稳固后，用剪齿钳或斜口钳剪去多余的齿。

⑬ 用小三角锉按镶齿的形状锉滑齿顶部。

⑭ 用相应规格的吸珠，将齿顶吸圆，使之圆滑无刺。

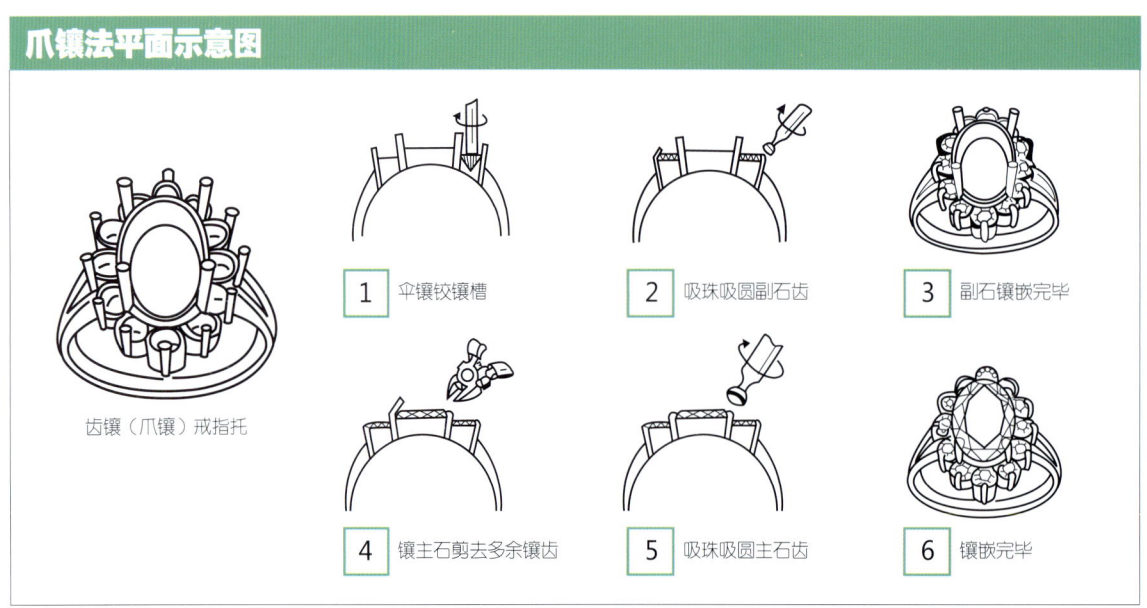

爪镶法平面示意图

齿镶（爪镶）戒指托

1 伞镶铰镶槽
2 吸珠吸圆副石齿
3 副石镶嵌完毕
4 镶主石剪去多余镶齿
5 吸珠吸圆主石齿
6 镶嵌完毕

爪镶法

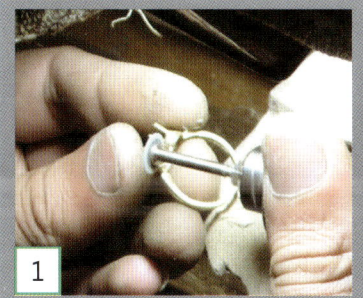

1 用飞碟针在副石镶齿内侧铰出镶槽

2 检查镶槽高低

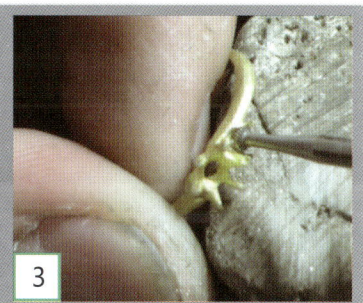

3 铰出其余镶齿的镶槽

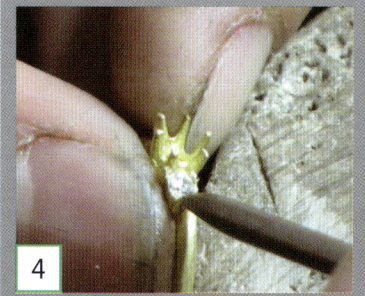

4 夹住副石放进镶口

5 压紧副石

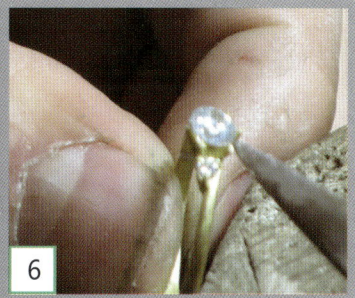

6 检查主石镶口大小

7 安装飞碟针

8 铰出主石镶槽

9 确认镶槽与宝石相符

10 逐一嵌压镶齿

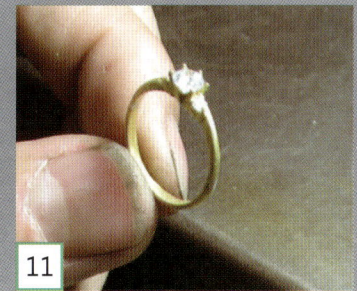

11 确认宝石嵌牢

12 剪去多余的齿

锉光镶齿顶部

2. 钉镶法

钉镶法也是首饰镶嵌工艺中的一种常用镶法，主要用于直径小于 2mm 的钻石镶嵌，而直径大于 2mm 的钻石很少用此方法。

在钉镶工艺中，钉镶法又可细分为有钉镶和起钉镶两种：有钉镶是在已有钻孔和镶钉的金属底托上实施镶嵌作业；起钉镶是在无钻孔和镶钉的金属底托上，根据底托材料的平面宽度和厚度，确定所镶钻石的大小和钻孔的位置，用麻花钻打出钻孔，再进行起钉镶嵌作业。

钉镶的排石方法多种多样，但最基本的排法有流线型、三角形和不规则的群镶形。钉镶的起钉方法比较单一，通常使用"三钉镶"和"四钉镶"的起钉方法来进行镶嵌。

① 根据金属镶托平面的宽度和厚度，确定所镶钻石的大小和数量。

② 如需铲边线的，要留足边线位置。

③ 用记号笔在镶托上标出应镶钻石的位置（钻孔位置）。

④ 用规格相宜的麻花钻标出钻孔的位置，逐一打出钻孔，所打的钻孔应与金属镶托平面呈垂直状。

⑤ 用软刷刷除干净打孔时留下的金属屑，仔细观察孔位是否符合要求。

⑥ 用伞针或桃针把钻孔铣扩成上大下小的喇叭口。

⑦ 将所镶的钻石放入喇叭口中，观察钻石的台面应与镶托的平面持水平状。

⑧ 如钻石放入喇叭口中，台面高于镶托的平面，说明所铣扩的喇叭口过浅，可继续铣扩，直到台面与镶托一样高为止。

⑨ 如钻石放入喇叭口中，钻石台面明显低于镶托的平面，并能自由晃动，说明所铣扩的喇叭口已经过大、过深了。

⑩ 将钢针在油石上磨成三角铲针，装在珠座上。

⑪ 用三角铲针在钻石四周的金属平面上均匀地铲起钉坯，铲钉坯时，应注意保留一定量的边线。

⑫ 起钉坯时的进刀要稳、缓而持续有力，避免忽重忽轻的冲击性起钉方法。

⑬ 起钉坯的角度以进刀时的 30°为宜，随着深度的增加，逐渐调整到 80°。

⑭ 用三角铲针起出的钉坯，随着铲针角度的增大，逐渐压向钻石冠部的刻面，最后压紧钻石。

⑮ 另用一根钢针在油石上磨成平铲针，装在珠座上。

⑯ 用平铲针对镶钻部位进行修饰，铲掉钉坯两边的斜边，修整边线。

⑰ 用相应规格的吸珠，将钉坯顶部吸塑圆滑并慢慢压向钻石，使起出的钉坯成为紧紧嵌住钻石的独立钉珠。

钉镶

1 安装麻花钻,打出钻孔

2 刷干净打孔时留下的金属屑

3 安装伞针

4 铣扩喇叭口

5 观察钻石与镶托的嵌合位置

6 在油石上上油

7 将钢针磨成三角铲针

8 铲起钉坯

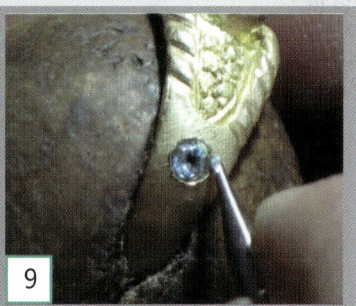
9 进刀时30°为宜

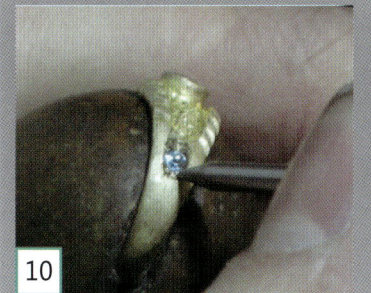
10 铲针角度逐渐加大,并压向钻石冠部

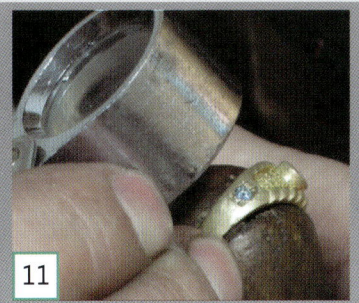
11 在放大镜下观察镶嵌的效果

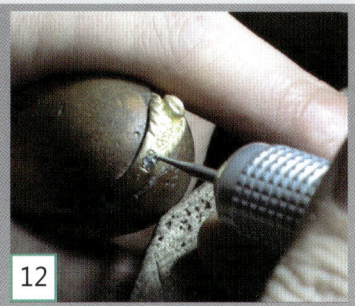
12 用吸珠将钉坯顶部吸塑圆滑

钉镶法平面示意图

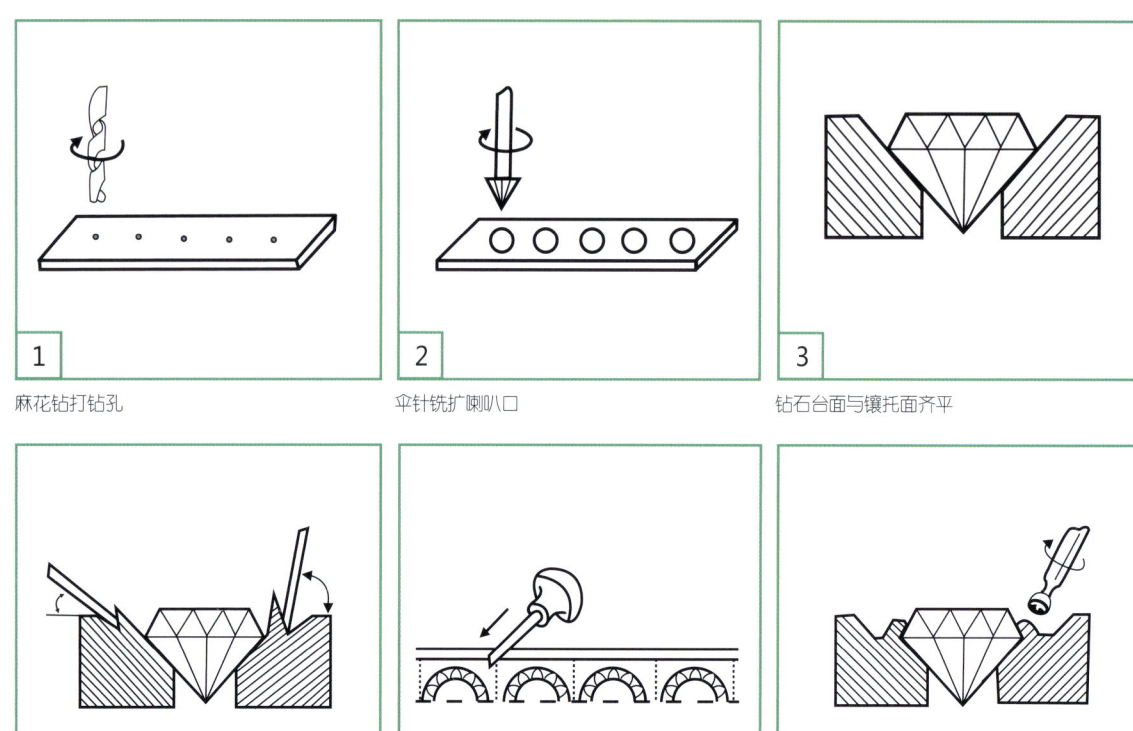

1 麻花钻打钻孔

2 伞针铣扩喇叭口

3 钻石台面与镶托面齐平

4 铲钉坯角度

5 平铲针修饰边线

6 吸珠吸塑钉坯

常见的钉镶钻石排列法

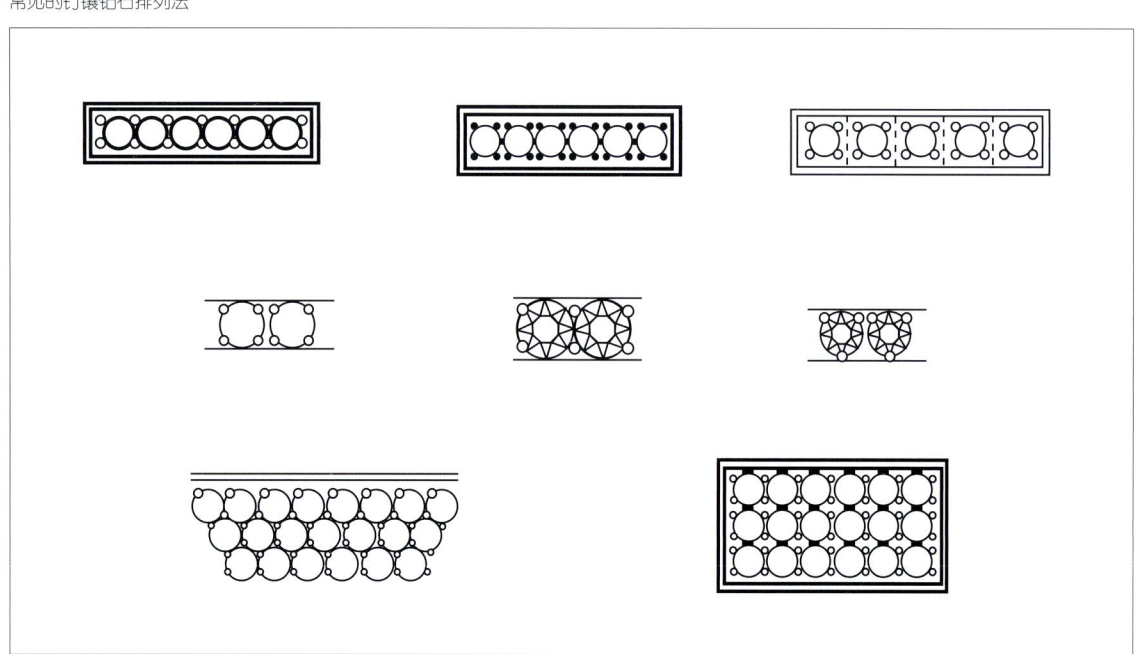

3. 迫边镶法（又称槽嵌法）

迫边镶法从镶嵌技艺上讲，属于槽镶法的一种，是采用压迫金属的边、槽来达到夹持和固定钻石的技法之一。常用的迫边镶法是由多粒小钻石有规律地呈线状或圆弧状排列。镶嵌时，必须先在金属底托上开出镶槽，再把钻石放入，用平头镶凿把槽边敲压向钻石的刻面，所镶成的饰品线条流畅、外形整洁光滑，是较新颖的一种镶嵌方法。

① 把已开好镶槽的金属底托固定在火漆球或微镶器上。

② 观察所要镶的钻石和镶槽的规格及两者之间的吻合程度。

③ 在吊机上安装上桃针，将镶槽内壁的高低不平之处全部铣平整。

④ 用扫针或轮针对镶口内壁进行铣扩，务必使镶槽平直。

⑤ 根据镶口的大小，把钻石逐一压入镶槽内。

⑥ 检查每一粒钻石，务必使每颗钻石都保持在一个平面或高度上，并不能在镶口中自由晃动。

⑦ 用胶水或胶泥将钻石略加固定在镶位上。

⑧ 左手拇指、食指、中指三指拿稳平头镶凿，无名指和小指微弯自然抵在火漆球边上。

⑨ 右手持住镶石锤、平头镶凿轻压在镶槽边侧，用镶石锤均匀、平衡地敲打镶凿顶部。

⑩ 边敲打边移动金属槽边的打击点，直到槽边贴紧所有钻石的冠部刻面，并牢牢地将钻石固定。

⑪ 用平铲针将贴住钻石刻面的槽边修饰平直、光滑。

⑫ 用小油光锉把经过敲打后的金属槽边锉磨圆滑、整洁。

迫边镶法平安示意图

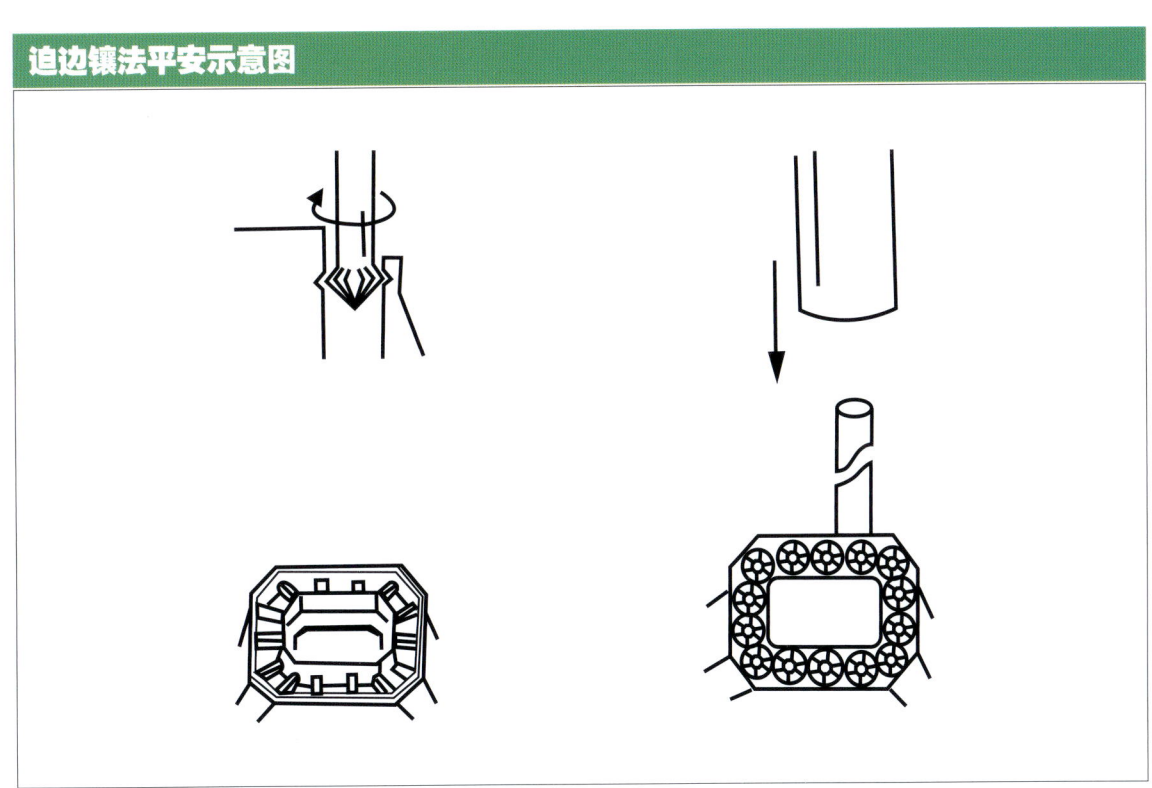

追边镶

| 1 加热火漆球 | 2 将漆归拢 | 3 嵌入戒圈 |

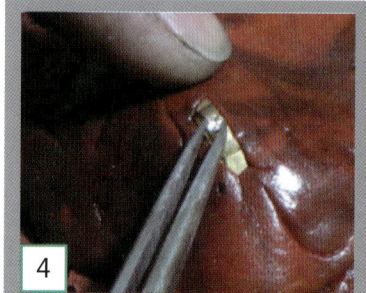 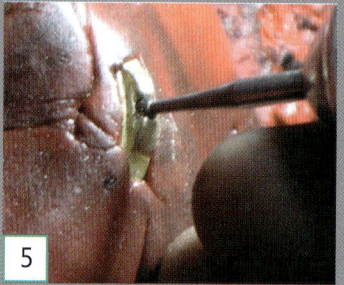 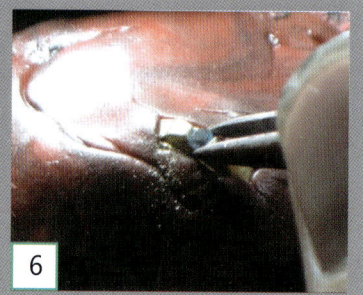

4 观察钻石与镶槽的吻合程度　　5 铣扩镶口内壁　　6 把钻石压入镶槽

 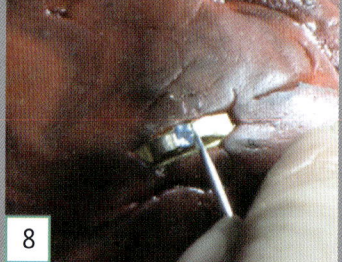 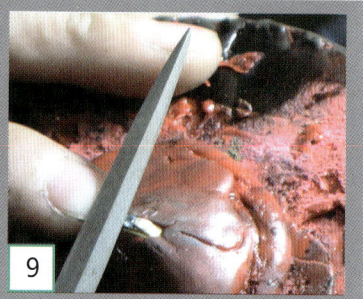

7 敲打镶凿顶部　　8 修饰槽边　　9 锉光槽边

4. 包边镶法（又称包镶法）

① 把金属底托固定在火漆球或微镶器上。

② 根据镶口和宝石的尺寸，选择钻针修整镶口四周。

③ 镶刻面宝石时，如镶口过窄，可用桃针或扫针将镶口铣宽至能稳固住宝石。

④ 镶口过浅时，可用飞碟针或轮针将镶口铣深，宝石入座镶口后应四周平稳。

⑤ 按迫镶法的敲打方法，用平头镶凿和镶石锤将宝石四周的金属镶边挤压向宝石，并紧紧贴住宝石。

⑥ 边敲打，边不断地移动镶凿，用力均匀，防止镶边出现波浪形。

⑦ 用平头铲针铲顺包边线，铲边时，应顺着宝石的外形方向，该直的要直，该圆的要圆，与宝石外形保持一致。

⑧ 用油光锉锉顺镶边，尽可能地将镶凿痕锉干净。

三、镶嵌质量要求

（1）所镶宝石应牢固稳妥、周正平服。

（2）齿镶的镶齿应清晰均匀，齿的长度应与所镶宝石相符。

（3）钉镶的镶钉应大小均匀，镶钉位置合理、对称。

（4）包边镶的镶边应光滑圆顺，宽度一致。

（5）镶嵌后的宝石不应有任何损伤，要保持原模样。

（6）所镶的底托应保持原状，不能变形或有局部断裂。

包镶工艺流程

1 观察镶口的尺寸　　2 铣深镶口　　3 放入宝石

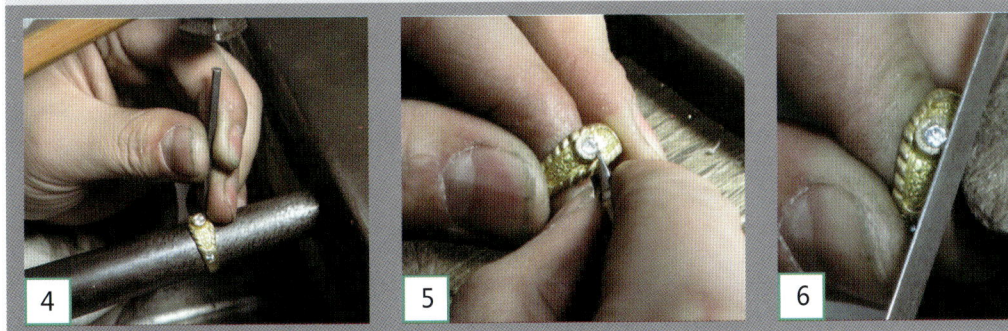

4 敲打、挤压金属镶边　　5 铲顺包边线　　6 锉顺镶边

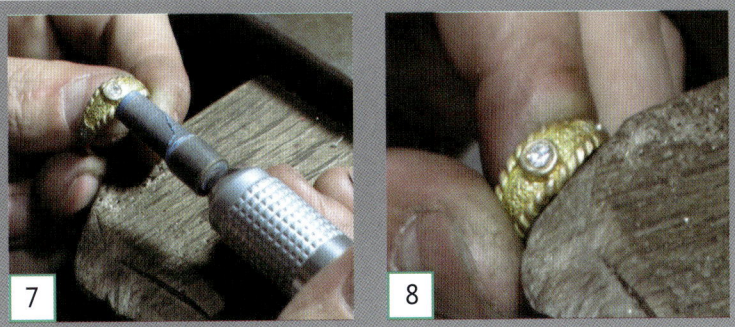

7 打磨镶边　　8 包镶戒指

四、修边（执边）

饰品在完成宝石镶嵌之后，难免会在金属基材上留下锉、铲、钻铣等一些加工痕迹，这些痕迹很难在下道抛光工序中得到彻底的清除，所以还必须经过修边（执边）工序来加以解决。

（1）检验所有的钻石在镶口中是否被彻底地嵌牢，没有松动。

（2）用平铲针将钻石周围微凸的毛刺轻轻地铲去，但不能伤害已嵌好的镶齿、镶钉。

（3）修整镶口四周的边线和镶钉、镶齿根部。

（4）用小油锉将因铲钉或铲边留下的毛刺锉磨干净。

（5）用有柄胶将镶齿、镶钉、边线等部位打磨光洁。

（6）部分凹陷的地方可用有柄胶头（子弹头）来进行打磨。

（7）整体检查饰品，整个镶嵌部位应整洁、光滑。

第三节 印记

印记的内容应包括厂家代号、纯度、材料以及镶钻首饰主钻石（0.10 克拉以上）的质量。

金饰品以纯度千分数（K 数）前冠以"金"或"G"。如金 750、G18K。

铂饰品以纯度千分数前冠以"铂"或"Pt"。如 Pt990、Pt950、足铂。

银首饰以纯度千分数前冠以"银"或"S"。如银 925、S925。

当采用不同材质或不同纯度的贵金属制作首饰时，材料和纯度应分别表示。

当首饰因过细、过小等原因不能打印记时，应附有包含印记内容的标志。

第四节 首饰镶嵌常用钻针图示

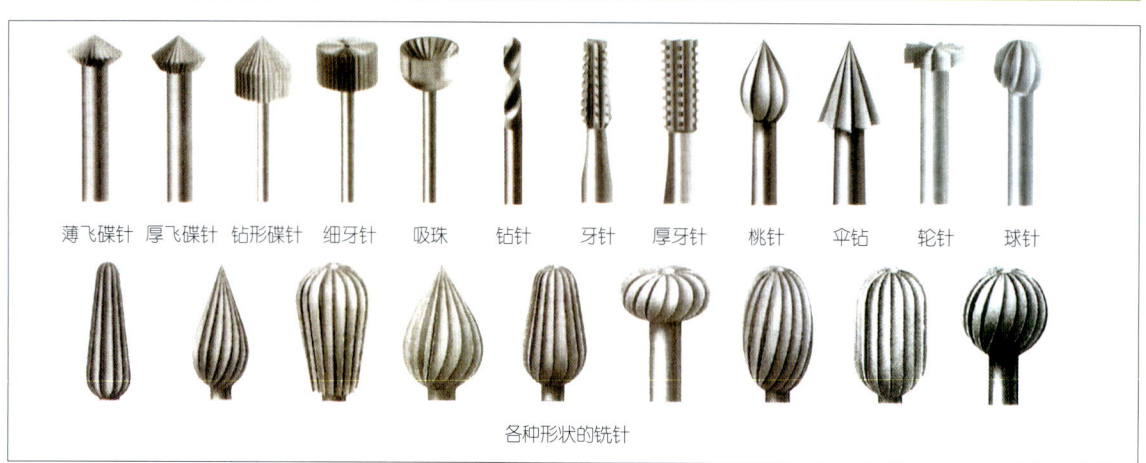

各种形状的铣针

第7章

焊料

在首饰制作过程中，凡是需要焊接的首饰部件，除了少量的千足金饰品采用自体熔焊外，都离不开焊料。焊料的成分根据所焊接饰品材料和成色的不同，种类众多，但大体上可分为纯金焊料、K金焊料、银焊料、Pt焊料和Pd焊料。它们都是人工合成的专用合金。在焊接过程中通过短时间的高温将所需焊接的饰品焊成一体。焊料的熔点一定要低于被焊件的熔点，否则会造成焊料和被焊件俱熔的后果而达不到焊接的目的，并且造成饰品部件的损坏。

第一节 金焊料

金焊料的合理配制，使它具有很多的优点。它坚固，能使被焊件之间的结合力达到或接近基体材料的强度。它光滑，焊接处的表面光洁度与基体材料几乎相同。它还具有很强的抗腐蚀性，也是导电、导热的最佳传导体。

一、纯金焊料

纯金焊料是指通常用于饰品含金量在96%以上的金焊料。为了保证金饰品的整体含量，含金量在99.9%的饰品（千足金），在制作过程，一般很少使用焊料，甚至不用焊料，通常都采用激光焊接、等离子焊接或采用"发焊"（自体熔焊）技术来焊接。

含金量在99%（足金）以上，99.9%（千足金）以下的金饰品，所用的焊料，含金量都应在96%左右。由于某些工艺上的要求，为了使焊料的熔化速度快一些，也会使用成色稍低一些的焊料，但是，最低成色的纯金焊料，其含金量不应低于90%。

纯金焊料的配比，除了应有比例的黄金外，其他成分主要由银、铜和少量的锌组成。

二、K金焊料

K金焊料主要有黄K金焊料、白K金焊料和红K金焊料。由于K金的成色、颜色多种多样，所以，根据金合金的成色和颜色所需，K金焊料的种类也有多种，而它的配比方法就更多了。但是不管K金焊料的配比采用何种方法，它的含金量都应与所焊首饰材料的含金量一致。如18K金焊料，它的含金量也应不少于75%，其余的为银、铜和锌等。

第二节 银焊料

一、80型银焊料

属银焊料中成色较高的焊料，也称"80焊"或"老焊"。因它的含银量在80%以上，焊接后的牢固度较高，所焊部位的颜色也与常用的925银的颜色没有太大的差异。所以，常被用于银饰的表面和需要特别牢固的部位的焊接。

三、60型银焊料

也叫"银低焊"或"60焊"。熔点较低，焊接后的焊缝与基体的925银有着较明显的色差，但焊料的熔化速度较快，受高温时间过长后，焊痕处易出现"涸焊"现象。在所有的银焊料中，它的用量也占了相当大的比例。

四、33型银焊料

在银焊料中属于含银量最低的焊料，也叫"超低焊"或"33焊"。它具有熔点低、流淌快的特性，能快速焊接。常用在银饰的花丝部位和细小部位上的焊接，也常用在银饰的修理中和银饰的多次焊接中的最后一次焊接之处。

但是，由于33焊含银量过低的缘故，在焊接中它很容易被高温烧成"涸焊"。焊接的牢固度也较差。当然，焊缝与基体银材的色差也更大了。

各种银焊料

二、66型银焊料

在银饰品焊接中使用较多的一种银焊料，因其含银量在66%左右，常被称作"银中焊"或"66焊"。

它的使用范围很广，在银饰品的制作中，66焊的用量几乎占了整个银焊料中的一半。

第三节
Pt焊料

一、Pt焊料的特性

Pt焊料的研发道路与铂合金的研发道路几乎是相同的，而配制Pt焊料的技术要求更高于配制Pt合金。它不仅要求焊接后的焊缝要牢固，具有良好的韧性，更要求焊缝的颜色以及相对硬度，而这些非常重要的特性，是完全靠焊料中的铂、钯、金和银的比例多少来取得的。

在贵金属行业中，所有的铂合金饰品制作都应符合这样一条通常的规则，即用于焊接Pt950饰品的焊料，其本身的贵金属总体含量也必须达到95%以上。

各种Pt焊料

实践证明,只要在金中加入相对少量的铂或钯,深黄色会很快变成白色。例如在 70% 的金和 30% 的铂合成中,合金的颜色是微黄色的,但一旦将铂的含量加到 40% 时,合金的颜色就会完全变白,这就是铂对合金颜色的影响。而钯对合金颜色的影响就更大了,只要在金中加入 20% 以上的钯,就能使合金的颜色变成白色。

在熔点较低的 Pt 焊料中,会含有少量的铜和锌,它们不仅能降低焊料的熔点,加快焊接的速度,同时铜和锌也极易与铂形成合金。只要铜和锌的总量保持在 10% 以下,Pt 焊料就不会在加热过程中变色,而且也会保留它原有的抗氧化性能。

各种Pt焊料

典型的Pt焊料配方

		特高温焊料	高温焊料	中高温焊料	中温焊料	低温焊料	特低温焊料
成分及含量	铂	15%	5%	12%	–	5%	–
	钯	40%	30%	17%	15%	5%	5%
	金	45%	65%	48%	53%	40%	–
	银	–	–	23%	32%	45%	90%
	铜/锌	–	–	–	–	5%	5%
贵金属总含量		999.9‰	999.9‰	999.9‰	999.9‰	950‰	950‰
熔点		1525℃	1435℃	1330℃	1200℃	1020℃	945℃
工作温度范围		1519~1533℃	1422~1445℃	1319~1342℃	1179~1217℃	1010~1029℃	935~955℃

第8章
饰品表面处理——抛光

第一节
磁性研磨

一、磁性研磨机与研磨钢针

磁性研磨机由两大部分组成,即上部的缸体部分和下部的机体部分。上部的缸体部分又由研磨槽、研磨钢针和研磨剂组成,而下部的机体部分则由电机、磁力发生器和控制电器组成。

磁性研磨机根据其特性可分为定速研磨机和可调速研磨机两种,而不管是定速的或是可调速的,它的旋转方向都应该是双向和定时的。

磁性研磨所使用的钢针规格有多种,在贵金属的表面处理工序中,通常使用的研磨钢针长度为5~8mm,直径为0.3~0.7mm。

二、磁性研磨原理

磁性研磨也叫磁力抛光,是将被处理的饰品放入盛有研磨钢针和研磨剂的研磨槽中,开动研磨机,使机体内部产生磁性旋转,研磨槽中的钢针因机体磁力的带动,也发生高速旋转,而研磨槽内的饰品不受磁力的影响,静置在原位。这时,旋转中的钢针就与饰品产生摩擦撞击,从而对饰品的表面和凹陷处进行加工,以达到磁抛效果。

三、研磨剂

研磨槽中的研磨剂,通常使用抛光粉加适量的水而成。抛光粉剂有多种,在这里应使用中性或弱碱性的抛光粉剂,不能使用酸性或强碱性的抛光粉剂,以免造成对研磨钢针的腐蚀,而研磨钢针的光洁度会直接影响到被研磨饰品的光亮度。

磁性研磨机

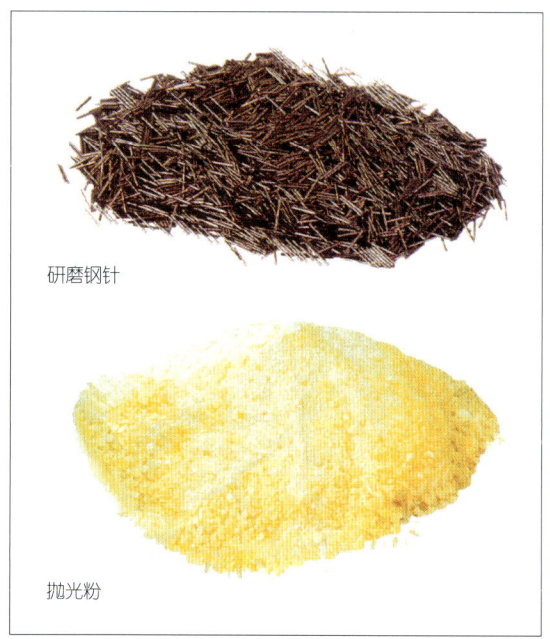

研磨钢针

抛光粉

四、饰品研磨前的清洗

为了保证经磁性研磨后的饰品表面的光洁和研磨钢针的光亮,半成品的饰品在磁性研磨前都有必要进行前道清洗工序。因为半成品的饰品往往会在其表面沾有一些微量的氧化物和化学残渍,这些氧化物和残渍与饰品一起进入研磨槽中,极易使研磨钢针被污染,使钢针发黑、研磨剂混浊,严重影响到饰品的研磨质量。

■ 1. 未经执模的铸件产品

不管何种材料的浇铸件,在铸造完后的爆模和高压冲洗工序中,都不能将铸件上的铸粉完全除尽,还必须用氢氟酸来浸泡,以彻底清除铸件上的残余铸粉。而残留在铸件上的氢氟酸具有很强的腐蚀性,如不慎带入研磨槽中,就会破坏研磨剂的原有去污光亮功效,也会使研磨钢针表面产生氧化膜。所以,在研磨前,未经执模的铸件产品必须用流动的水进行反复冲洗,最后再用开水浸泡,以彻底除尽残留在铸件上的氢氟酸残渍。

■ 2. 机制链

机制链的整个工序,从拉丝、制链到变形、锻打、批削,都是靠机械来完成的,在所有的一系列机械操作中,为了保证机器的正常运作和产品的表面光洁,操作人员都会在机器的某些特定部位,加注一定量的润滑油,而这些润滑油也不可避免地沾染到产品上。虽然经过制链工序的后道清洗,但还会有少量的润滑油残留在产品上。这些少量的润滑油如与产品一同进入研磨槽中,也会使研磨剂变得混浊而失去功效。

所以,机制链产品在研磨前须进行除油清洗工序,具体方法如下:

超声波清洗机

SL-100 型饰品去油除蜡水

工作温度:50 ~ 70℃

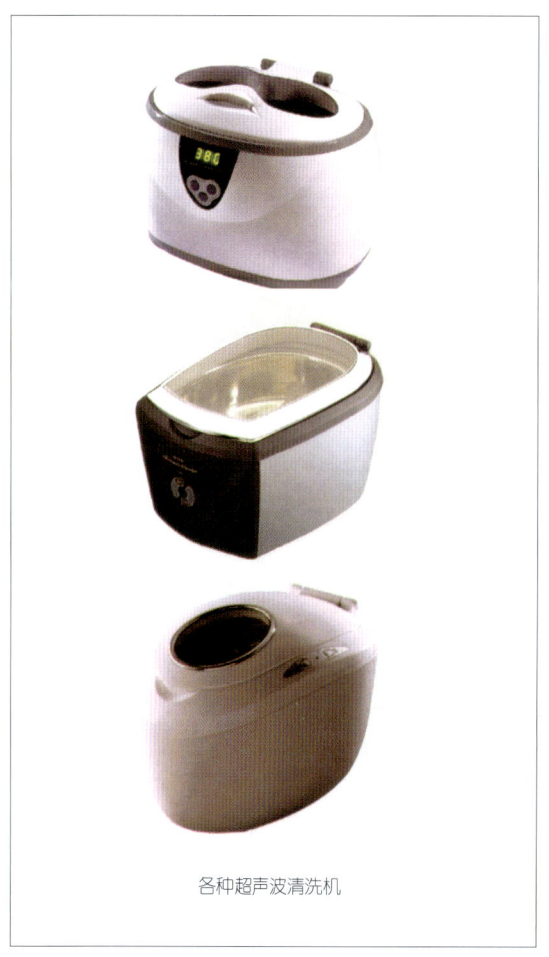

各种超声波清洗机

工作时间:1 ~ 2 分钟

除油后用清水冲洗即可。

■ 3. 纯金饰品

纯金饰品在表面处理过程中,为了保持其原有的金黄色泽和清除在手工制作中所使用的铁质工具所沾染上的少量铁质,往往会将饰品放在稀盐酸中浸泡。这些残留在纯金饰品上的盐酸残渍也会对研磨槽中的钢针产生腐蚀作用。所以在研磨前,须用流动的水或开水彻底地洗净产品上残留的微量盐酸。

■ 4. 焊接后的 K 金饰品及银饰品

K 金饰品和银饰品在焊接过程中,往往会在焊接处加上少许的助熔剂——硼砂。这些硼砂经高温熔化、凝固后，会变得非常坚硬且色泽暗黑无光，磁性研磨工序很难去除这些硼砂痕。所以在研磨前，须用稀硫酸将残留的硼砂浸蚀干净后方能进行磁性研磨，具体方法如下：

　　硫酸 20% ~ 30%

　　水 70% ~ 80%

浸泡时间：10 ~ 30 分钟

浸泡后的产品用清水彻底将硫酸残渍冲洗干净。

■ 5. 研磨机的转速与研磨时间

　　在磁性研磨工序中，如能恰到好处地利用研磨机的转速和研磨时间来进行操作，不但能节约大量的时间和能源，而且能使饰品的研磨得到最满意的效果。

饰品的转速与研磨时间参考

饰品类型	转速 / 分钟	研磨时间（分钟）
铂饰品	1000 ~ 1200	50 ~ 60
K 金、银饰品	800 ~ 1000	40 ~ 50
足金饰品	400 ~ 600	30 ~ 45
铂、K 金饰品（未执模）	1200 ~ 1300	30 ~ 40

第二节
滚筒抛光

一、滚筒抛光机

　　滚筒抛光工序也叫滚光工序，滚光机由两大部分组成，即滚光机体和滚筒。

■ 1. 滚光机体

　　由电机、控制器和传动轴组成。控制器则由定时器，单、双向控制器和转速控制器组成，能设定传动轴的转速和转动方向及转动时间。

滚光机

各种滚光钢珠

机械抛光机

■ 2. 滚筒

通常使用六角滚筒，内有滚光钢珠和抛光剂。

二、滚光钢珠

滚光钢珠的形状有多种，首饰滚光用钢珠通常有以下几种形状：

圆珠形：直径有 1 ~ 5mm

蛋圆形：规格有大、中、小三种

圆柱形：长度有 3 ~ 5mm，直径有 1 ~ 3mm

酒桶形：规格有大、中、小三种

飞碟形：规格有大、中、小三种

两头尖形：规格有大、中、小三种

其他的根据需要而特制的形状。

三、滚光原理

滚光是将产品放入盛有滚光钢珠和抛光剂的六角滚筒内，由滚光机传动轴带动滚筒的旋转，使滚筒内的钢珠与产品发生摩擦、挤压，对产品表面进行加工的过程。滚光可以去除产品表面的毛刺和轻微的砂眼，提高产品表面的平整度和光洁度。

四、滚光饰品的种类和时间

滚光工序在饰品的制作中应用较广泛，但在纯金饰品的制作工艺中使用最多。

纯金饰品的滚光转速与时间：

滚筒转速：45 ~ 60 转 / 分钟

滚光时间：40 ~ 80 分钟

第三节 机械抛光

一、机械抛光原理

机械抛光时，抛光轮作高速旋转，将饰品以适当的压力按压在抛光轮上，这时因饰品与抛光轮的摩擦而产生高温，使金属表面产生塑性变形，形成一层"加工变质层"，在旋转时摩擦力的作用下，一方面金属表面的某些凸起部分被削去，同时由于塑性变形使凸起部位被压入，或移动一段距离后填入凹陷部分。同时，使金属表面在周围大气的氧化下瞬间形成的极薄的氧化膜反复地被抛光轮抛下来。这种削凸填凹和抛去氧化的整平过程，以高速度反复进行，再加上抛光膏的亮化作用，使原来较粗糙的金属表面获得平滑光亮。所以，机械抛光过程，既有机械切削作用，又有物理和化学的作用。

二、机械抛光机

机械抛光机，俗称抛车。一般根据其电动机及动力装置分为调速抛光机和定速抛光机两种，而调速抛光机又称为高速抛光机，根据其机位又可分为单头抛光机和双头抛光机。

1. 调速抛光机

可调速的范围很大。常用调速抛光机的可调范围从 0～4000 转/分钟，某些高性能的抛光机，最高转速可达到每分钟 6000 转，甚至更高。

调速抛光机的适用范围很大，可用于不同材质的饰品的抛光，但它对电机的稳定性要求很高，一般的普通电机很难达到这个要求。

2. 定速抛光机

使用普通的电机，只有固定的转速，它的转速通常为 2800～3000 转/分钟，它适用于一般银饰品和 K 金饰品的抛光，但对于铂饰品和不锈钢饰品的抛光来说，它的转速显然是不够的。所以，铂饰品的抛光，最好能使用可调速抛光机。

三、碟抛机

碟抛机的抛光原理与机械抛光机相同，严格地讲，它也属于机械抛光的一种。所不同的是，抛光机的抛光轮工作时的转向是纵向的，一般使用抛光轮的部位都是在外圈部分，而碟抛机的抛盘转向是横向的，使用的抛盘部分基本上都在底平面部分，而且绝大部分抛盘的转向都是逆时针方向的。碟抛机适用于饰品大面积的平面抛光且具有较强的切削性。

四、抛光轮

1. 内抛棒

木芯有大、中、小三种，木芯外裹一层薄羊绒层，安装在抛光机转动轴的螺纹尖头上。适用戒指内圈、手镯内圈和一些有圆形内孔首饰的内圈抛光。

碟抛机

2. 毛刷轮

毛刷轮的内芯有木芯、塑料芯和金属芯之分，刷毛也有双排、单排和多排之分。饰品的抛光一般使用木芯双排的毛刷轮。毛刷轮的刷毛通常都用猪鬃来制作，且以硬、有弹性的为佳。毛刷轮适用于饰品的内凹处、花纹、线槽、镶口等细小部分的抛光。

3. 碟抛盘

用羊毛绒压制而成的毡抛轮，一面平整，另一面有类似飞碟状的斜面，故称碟抛盘。碟抛盘有特硬、中硬和微硬之分，微有弹性，有数条缺口槽。适用于饰品大平面的抛光，能起到平整饰品表面的功效，具有较强的切削性能。

4. 羊毛毡轮

用羊毛压制而成的扁圆形毡轮，两面平整，适用于饰品平面部位的抛光，并能很好地将饰品表面进行塑性处理。

5. 黄布抛光轮

俗称黄布轮，由黄棉布片多层缝制而成，直径有多种，在饰品抛光中，常用的黄布轮直径在 10～18cm 之间。黄布轮在抛光布轮中属较粗的一种抛光轮，常用于饰品的粗抛光和预抛光。

6. 白布抛光轮

俗称白布轮，和黄布轮一样，直径也有多种，用多层白棉布缝制而成，在布轮中属较细的一种抛光轮，常用于饰品的细抛光和精抛光。

7. 其他材料制成的抛光轮

（1）丝绸抛光轮——由多层丝绸片用丝线缝制而成，柔软、光滑，用于高档饰品的极精细抛光，能使饰品表面光亮如镜。

（2）纸质抛光轮——由细质马粪纸制成，极薄。旋转时坚硬，具有较强的切削功能，用于摆件类饰品凹槽深处和花纹线条侧面的平整抛光。

（3）木质抛光轮——由人造纤维板制成，两面用磨石磨去光滑层，用于特殊饰品的平面修复，凹槽内侧壁及某些饰品的边线条的抛光，具有很强的切削功能。

（4）另外，还有皮质抛光轮、带状抛光轮等。

各种抛光轮

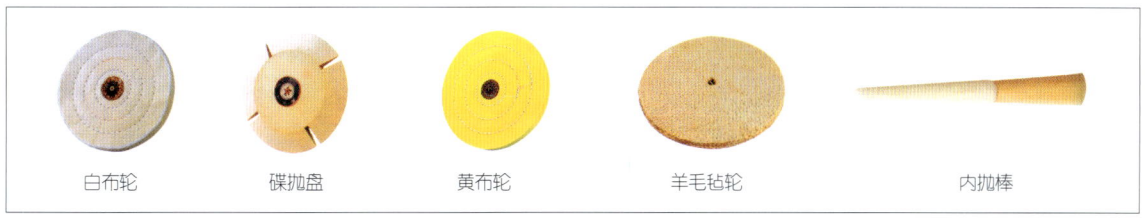

白布轮　　碟抛盘　　黄布轮　　羊毛毡轮　　内抛棒

各种毛刷轮

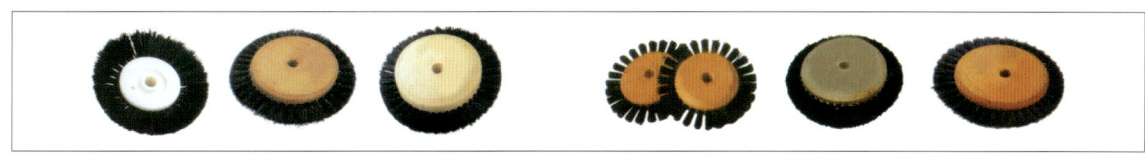

各种抛光膏

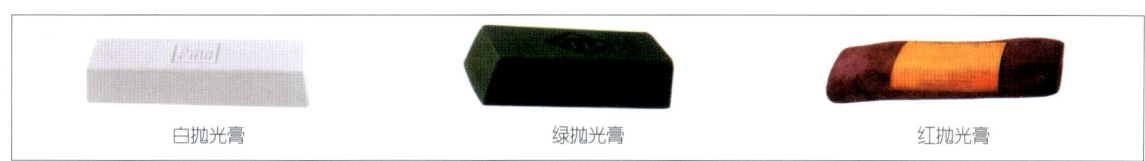

白抛光膏　　绿抛光膏　　红抛光膏

五、抛光膏常用材料

抛光工序是采用在旋转的抛光轮上涂抹抛光膏来平整饰品表面的微小不平之处，从而使饰品表面获得平整光亮。在抛光过程中，除了抛光机和抛光轮的作用外，选择何种抛光膏来进行抛光是至关重要的。

1. 硬化油

又称氢化油。由精炼过的液体脂肪（如棉籽油、鱼油等）经过不同程度的氧化（加氢）处理，制得的固体或半固体脂肪。

2. 米糠油

又称糠油。由米糠制得半干性油，呈黄绿色，主要成分为油酸、亚油酸、棕榈酸的甘油酯。

3. 石蜡

为固体石蜡烃的混合物，用于制造合成脂肪酸。

4. 长石粉

是由钾、钠、钙和铝等的硅酸盐组成的混合物，主要成分为二氧化硅、三氧化二铝、氧化钙、氧化钾和氧化钠等。

6. 常用抛光膏的种类

■ 1. 白抛光膏

主要成分有硬化油脂、硬脂酸、石蜡、石灰等。

在饰品抛光工序中,适用于涂抹在碟抛盘、羊毛毡轮、毛刷轮及羊毛内抛棒上,属于粗抛光用的抛光膏。

■ 2. 绿抛光膏

主要成分有硬脂酸、硬化油、氧化铬、氧化铝等。

在饰品抛光工序中,适用于涂抹在毛刷轮、羊毛毡轮、羊毛内抛棒及黄布轮上,属中粗抛光用的抛光膏。

■ 3. 红抛光膏

主要成分有脂肪酸、硬脂酸、氧化铁等。

在饰品抛光工序中,适用于涂抹在白布轮上,属于细抛光用的抛光膏。

■ 4. 蓝抛光膏、黄抛光膏

主要成分有松香、长石粉、动物油及米糠油等。在首饰抛光工序中,适用于涂抹在白布轮、绸布轮上,属于精细抛光用的抛光膏。

第四节
饰品的抛光工艺

一、银饰品的抛光工艺

(1)对经过执模、打磨的银饰进行整体检查,注意饰品整体形状是否变形。如是浇铸产品,还应检查是否有砂眼,如有砂眼,应及时修补。经过修补砂眼后的饰品,修补部位应重新进行打磨。

(2)检查抛光机各部位的运作是否正常,吸尘装置是否完好。

(3)戒指类银饰品的内圈抛光:在抛光机的转动螺纹尖头上安装羊毛内抛棒。开动抛光机后内抛棒应转动稳定,不能有抖动现象。

(4)开启除尘器,在旋转的内抛棒上涂抹上少许白抛光膏。

(5)用拇指、食指和中指稳稳地拿住戒圈的外侧。如是嵌宝类银饰,应将齿口朝下。

(6)将戒圈缓缓地套在旋转中的羊毛内抛棒上,适当用力,平稳地将饰品内圈在内抛棒上左右来回慢慢移动,直至将内圈上的锉刀痕或砂纸痕抛去为止。

(7)在抛光机上安装上毛刷轮,安装好的毛刷轮在开机后应平稳而不能有抖动现象。

(8)在毛刷轮上涂抹少许白抛光膏,将饰品的花纹部位、细丝部位及凹槽处放在毛刷轮上进行刷抛,刷抛时用力应均匀,不能在同一部位长时间地刷抛。在刷抛过程中,有必要时还应轻微地抖动手中的饰品,以便深凹部位也能抛到。

(9)在毛刷轮上涂抹少量的绿抛光膏,将上一道工序重新操作一遍,直到花纹及深凹部位被刷抛出光亮为止。

(10)将黄布轮按上抛光机,此时的黄布轮在旋转时应平稳不抖动,将抛光机的转速调至每分钟3000转左右。

(11)对饰品进行整体抛光,要求将饰品上的所有锉刀痕和砂纸痕全部抛去,表面平整光滑,但不能损坏饰品原来的形状和线条,也不能将原有的棱角抛去。

(12)换上白布轮,根据要求,涂抹上红抛光膏或蓝抛光膏，对饰品进行整体抛亮工序，在抛亮过程中，抛光膏的涂抹应尽量少些，这样就更能使饰品被抛出亮光来。

（13）在抛光的整个过程中，应经常清洁抛光轮，特别是布轮，被抛光灰尘污染的抛光轮是很难抛出高亮度的饰品的。

二、K金饰品的抛光工艺

（1）对铸造类的K金饰品而言，首饰经过执模和打磨后，在抛光前必须进行整体检查。检查饰品的外形是否变形，棱角和线条花纹是否符合原设计要求，是否留有砂眼，如有砂眼要及时修补。

（2）用焊料修补砂眼的部位，须重新执模、打磨。如在修补砂眼中使用过硼砂，应放入稀硫酸中将硼砂残留物全部浸除，然后用水冲洗干净、烘干。

（3）戒指类K金饰品的内圈抛光：稳妥地拿稳戒指外圈，在羊毛内抛棒上涂抹白抛光膏，将内圈套在内抛棒上进行内圈抛光，抛去内圈上的所有锉刀痕和砂纸痕。

银饰品的抛光工艺

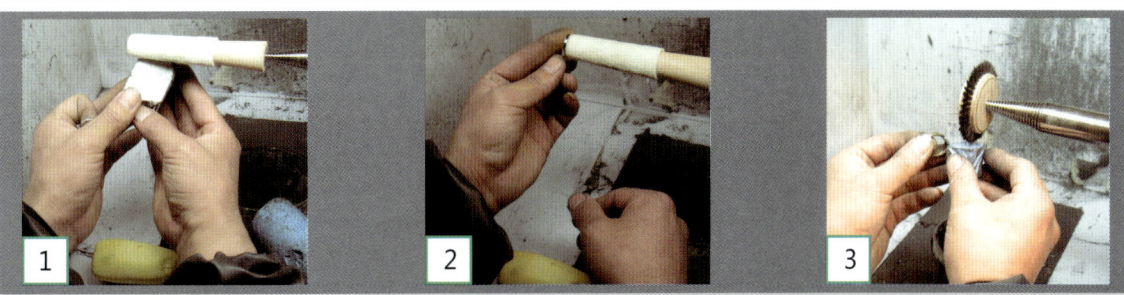

1 在内抛棒上涂抹白抛光膏　　2 将戒圈套在旋转的内抛棒上　　3 在毛刷轮上涂抹白抛光膏

4 用黄布轮打磨戒圈　　5 换上白布轮　　6 用白布轮打磨戒指

（4）在毛刷轮上涂抹白抛光膏，对饰品的齿口、花纹、凹槽等处进行抛刷。抛刷的方向应顺应花丝、凹槽的方向，并不断移动抛刷部位。

（5）在碟抛机上安上碟抛盘，碟抛盘在旋转时应平稳，不能有抖动现象。

（6）在碟抛盘的底平面上涂抹上少许白抛光膏，将饰品的平面和大面积的平整处从抛盘的外侧慢慢地贴向抛盘的底面，用力要适度。饰品贴在抛盘上的时间不能太长，应不时观察所抛饰品的抛光部位，千万不能过度抛，以免造成饰品的过度磨损和表面变形。

（7）进行超声波除蜡，洗净沾在饰品上的白抛光膏。

（8）再检查饰品，是否有砂眼被碟抛盘抛出。

（9）在羊毛内抛棒上涂抹绿抛光膏，对戒指类K金饰品的内圈进行再次抛光。

（10）在毛刷轮上涂抹少量绿抛光膏，对饰品的细小部位如镶齿、花纹和凹槽部位进行抛刷，并抛出亮度。

（11）在黄布轮上涂抹绿抛光膏，对饰品进行整体抛光。

（12）在黄布轮上涂抹少量蓝抛光膏，对饰品进行整体抛光，并全部抛亮。

三、铂饰品的抛光工艺

（1）将经过执模、打磨和磁性研磨工艺作业后的铂饰品，放入稀盐酸中浸泡10～20分钟。稀盐酸的含量为50%。

（2）冲洗干净盐酸残渍，将饰品烘干。

（3）检查每一件饰品，尤其是浇铸产品，如发现产品上有砂眼，应及时采取措施修补或经过压磨。总之，铂饰品在抛光前应杜绝所有大小砂眼的存在。

（4）戒指类铂饰品的内圈抛光：在羊毛内抛棒上涂抹白抛光膏，对饰品内圈进行抛光。此时的抛光，应抛去内圈中所有的锉刀和砂纸痕，但不一定要抛亮。

（5）在碟抛机的抛盘上涂抹白抛光膏，对饰品上的所有平面部位都抛磨一遍，抛光过程中，应注意镶齿、镶槽、边线及花纹部位不能被抛损，要避开旋转中的抛盘。

（6）手上用力应均匀、平稳，并作90°抛光方向的调换和交替。

（7）在毛刷轮上涂抹白抛光膏，对饰品的镶槽、镶齿边线等细小部分进行刷抛，在刷抛过程中，应顺应镶齿、镶槽、边线的方向，逐一进行刷抛。

（8）将饰品悬挂在除蜡挂具上，放入超声波洗涤槽中清洗饰品上的白抛光膏。

（9）用清水冲洗干净除蜡液并烘干。

（10）检查饰品，此时的饰品上应完全没有锉刀和砂纸痕的存在，并且平整、光洁。

（11）在羊毛内抛棒上涂抹绿抛光膏，将戒指类铂饰品的内圈抛亮。

（12）在毛刷轮上涂抹绿抛光膏，将饰品的镶齿、镶槽、花纹线条及细微处刷出亮光。

（13）在黄布轮上涂抹绿抛光膏，将饰品整体抛亮，注意要保持饰品原来的形状，不能将棱角处抛损，也不能将镶齿部位及细微的花纹线条抛损。

（14）在羊毛内抛棒上涂抹少量黄抛光膏，对戒指类铂饰品的内圈进行精细抛亮。

（15）在白布轮上涂抹少量黄抛光膏，对饰品整体进行精细抛亮。

四、纯金饰品的抛光工艺

（1）将饰品悬挂于超声波清洗机内进行除油去脂。

超声波除油溶液温度：50～70℃

除油时间：1～2分钟

除油溶液：SL-100超声波专用清洗液

（2）用清水冲洗干净饰品上的清洗液。

（3）将饰品放入50%的盐酸溶液中浸泡5～10分钟。

（4）冲洗干净饰品上的盐酸溶液。

（5）放入磁性研磨机中进行研磨。

研磨机转速：400～600转/分钟

研磨时间：30～45分钟

（6）将研磨后的饰品用清水稍许冲洗一下，拣净研磨钢针后放入滚光机内进行滚光。

滚光机转速：45转/分钟

滚光时间：40～80分钟

（7）冲洗干净饰品上的滚光液，放入50%的稀盐酸中浸泡3～5分钟。

（8）将饰品上的盐酸残渍彻底冲洗干净，并用开水冲泡。

（9）用玛瑙压刀或钢质压刀对饰品逐件进行压亮。根据要求一般对饰品的光面、平面部位进行压亮工艺，而花纹、花丝、喷砂、錾金等部位是不需用压刀来压亮的。

（10）用开水彻底泡净饰品，每件饰品用细软毛巾擦干水渍，最后烘干。

五、纯金饰品的压亮工艺

（1）压亮器具——压刀、压亮水和金相砂纸。压刀的材质通常有玛瑙、高碳钢、白钢等。压亮水是由一种 PH 值为中性的植物果实熬制而成的液体，能除污去油，对饰品有一定的增亮效果。金相砂纸是用来磨蹭压刀的。细号的金相砂纸或内层涂抹抛光膏的牛皮都能使压刀的表面得到光亮如镜的效果。

（2）将压亮工作台前侧的木板——压板用棉砂布包裹好，并用压亮水将其湿润。

（3）将待压亮的饰品放入压亮水中浸泡。

（4）一手轻拿饰品，轻轻地将饰品抵在压板的边缘或置于压板上；另一手持压刀，用压刀的侧身部位压在饰品的平面部位，平稳地前后压挤。

（5）压挤时，用力要均匀，并注意饰品被压部位的厚度，千万不能用力过度而造成饰品的扁瘪变形。

（6）在压亮过程中，饰品应始终带水（压亮水）作业，不要干压。

（7）压刀应经常用细号金相砂纸研磨，才能保证所压饰品的光亮。

（8）压亮后的饰品应光亮如镜，表面无丝痕和雾膜状。

（9）压亮后的饰品应及时用清水冲净，并用开水泡过后擦干。

六、纯金饰品在压亮中易出现的问题及解决方法

（1）在压亮时，压刀打滑，饰品表面有水珠凝聚。

问题解决方法：原因是饰品上有油污，需重新清洗。

（2）压亮后，饰品上出现较深的划痕。

问题解决方法：原因是压刀尖接触到了饰品。压刀与饰品接触的部位应在刀身而不在刀尖。

（3）饰品上出现轻微的丝痕。

问题解决方法：原因是压刀已不光滑（俗称发毛），需用金相砂纸研磨。

（4）压亮后的饰品出现凹瘪现象。

问题解决方法：原因是压亮时用力过大，用力不匀。适当减小压力，用力要均匀。

（5）压亮后的饰品表面有雾状。

问题解决方法：原因是压刀表面已无光泽，需用金相砂纸研磨出光亮。

（6）压亮后的饰品表面亮度不够。

问题解决方法：压亮时，用力太轻，增加一些压力。

（7）压亮后的饰品表面光亮易逝。

问题解决方法：压亮后的饰品未经清洗，表面压亮水渍干结或压亮水未洗干净。压亮后的饰品在清洗前应置于水中，清洗后应及时用软布擦去水渍并烘干。

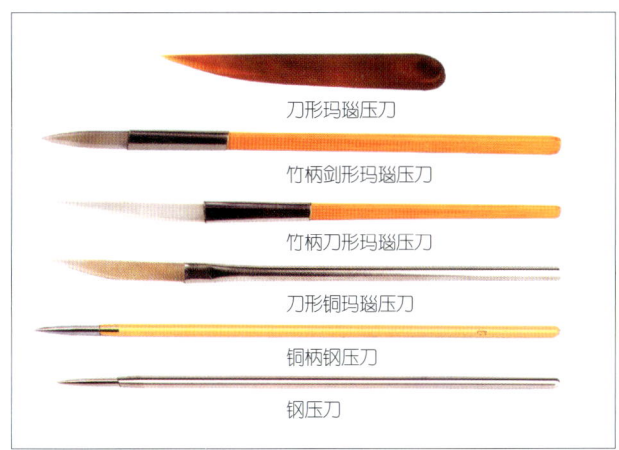

各种压刀

压亮操作

第9章
饰品表面处理——电镀

第一节 超声波脱脂（去油、除蜡）

一、超声波脱脂原理

超声波脱脂俗称超声波去油或超声波除蜡。它是利用超声波振荡的机械使脱脂液（去油除蜡水）中产生数以万计的小气泡，这些小气泡在形成生长和闭合时产生强大的机械力，使饰品表面的油脂、抛光膏、污垢迅速地脱离，而加了一定热量的脱脂液则加速了脱脂过程，使得饰品表面的油污和抛光膏在皂化和乳化过程中得到彻底的清洗。

二、超声波清洗器

超声波清洗机根据其功率的大小分为多种，功率一般在 50～300W 之间，它由震头清洗槽和控制器两大部分组成。在结构上有连体式和分体式两种。清洗槽也有加温和不加温之分。在首饰制作中常用的有二震头、四震头和六震头等几种。

三、超声波用脱脂溶液（SL-100型）

脱脂溶液又称去油液或除蜡水。配方合理的脱脂溶液对饰品表面的光亮度和清洁度有至关重要的影响，它既能快速地将饰品表面的油脂、污垢和抛光膏彻底清除，又能使饰品表面不被腐蚀氧化。其特点主要表现为：

（1）对饰品的机体无腐蚀，能最大限度地保证饰品表面原有的光亮度不受损坏。

（2）脱脂时间短，脱脂效率高，净化效果好。

（3）对形状复杂饰品的边角、细孔、花纹及空腔内壁等处都能彻底地脱去油污和抛光膏。

（4）使用化学试剂，无毒，无异味，对人体无害。

四、SL-100型脱脂溶液的作用原理

根据现代的脱脂理论，既认可脱脂溶液中碱对油污的皂化作用和表面活性剂对油污的乳化作用，也更强调表面活性剂的润湿、渗透和卷离作用。也就是说，脱脂溶液沿着金属——油污或抛光膏界面渗透，取代油污相，使金属被湿润，从而迫使大量的油污或抛光膏被卷走，而被卷离的油污或抛光膏与溶液互不相溶，最后沉淀下来。

五、超声波脱脂方法及脱脂时间、溶液温度

（1）在超声波清洗槽中加入 SL-100 型脱脂溶液，槽中的溶液深度以离槽口 1～2cm 为宜。

（2）开启超声波电源开关，将温控旋钮调至 65～70℃，对溶液进行加温（此时加温指示灯亮）。

（3）待超声波加温指示灯熄灭后，液温达到工作所需温度。

（4）在清洗槽上搁置一根金属棒并固定，将饰品挂在除油挂钩上，将挂钩悬挂在金属棒上，饰品沉浸于脱脂溶液中。但是饰品的下部不可接触到槽底。

（5）开启超声波工作开关，将工作时间设置所需的时间，通常为 1～2 分钟。

（6）去油除蜡后的饰品连同挂钩从清洗槽中取出，放入流动的清水中冲洗数秒钟后进入镀前电解工序。

第二节
电化学脱脂（电解脱脂）

一、电化学脱脂的方式和特点

电化学脱脂的方式有阴极脱脂、阳极脱脂和阴阳极交替脱脂三种。电化学脱脂的工序是所有脱脂工序中的最终工序。

1. 阴极脱脂

饰品在阴极上进行电化学脱脂时，在阴极上析出氢气的体积为阳极上析出氧气体积的两倍。所以阴极电化学脱脂的效率要比阳极电化学脱脂的效率高，而且饰品基本上不会受到腐蚀，特别是经过焊接部位的焊料（焊缝），也能保持其原有的色泽和光亮。但是阴极脱脂容易渗氢，对溶液的要求也较高，溶液中如含有金属杂质，极易在饰品表面沉积，影响后续电镀层的结合力。

2. 阳极脱脂

饰品在阳极上进行电化学脱脂时，饰品的基体不会发生氢脆，而且极易除去饰品表面的浸渍残渣和一些其他的微量金属膜，但脱脂效率要比阴极脱脂效率低，对饰品上焊缝处的焊料有一定的腐蚀性。适用于无焊接的铸造饰品和机制链等。

3. 阴阳极交替脱脂

此脱脂方式是阴极和阳极交替进行脱脂，结合前两种方式的优点，是较有效的一种电化学脱脂方法。根据饰品材质和工艺的性质，可选择先阴极脱脂后阳极脱脂，或先阳极脱脂后阴极脱脂，但此种方式较前两种脱脂方式，操作复杂，更增加了工作时间，适用于低成色的饰品及压制件的电化学脱脂作业。

二、电化学脱脂溶液和脱脂工艺

1.SL-200 型首饰镀前脱脂溶液

此脱脂溶液属阴极脱脂溶液，在阴极脱脂过程中，能迅速地除去饰品表面的油脂和污垢，有效地增强电镀层的结合力，脱脂后的残留液具有较强的溶水性，易于冲洗。

2. 电化学脱脂工艺（阴极脱脂）

（1）将脱脂溶液加温至 50～70℃。

（2）放入阳极钛网。

（3）阴极接通产品挂具，放入溶液中。

（4）开通直流电源。

（5）阴极产品大量析氢，电化学脱脂开始。

（6）30～60 秒后取出阴极挂具上的饰品，用清水冲洗。

（7）进入下道工序——电镀。

第三节
电镀的过程和作用

一、电镀过程

电镀的过程是利用电能使单元素金属或合金沉积在工件的表面，形成均匀、致密、结合力良好的金属层的过程。

二、饰品电镀的主要作用

1. 提高饰品或部件的耐腐蚀性

成色较低的饰品由于其材质中含有较大比例的非贵金属，抗氧化性能相对较差，在大气中很容易发生氧化变色，如果在其外表电镀一层抗氧化性优良的贵金属，就能很好地防止饰品表面的氧化变色。

2. 提高饰品或部件的装饰性

在饰品的外表，电镀上一层理想色泽的贵金属，能使饰品的表面颜色更加鲜艳夺目，或根据需要在饰品的局部电镀上一层与基体材质完全不同的另一种贵金属，将在同一件饰品上表现出多种色彩。

3. 提高饰品或部件的耐磨性

饰品表面的电镀层，由于其结构致密、均匀，大气难以渗入，因此比基体材料更具耐磨性，也能更加长久地保持饰品表面的光洁度。

第四节
镀金

一、概述

金具有很高的化学稳定性，它只溶于王水而不溶于其他酸。金镀层耐腐蚀性强，导电性好，易于焊接，耐高温，广泛用于首饰和工艺品的制作工艺上。金镀层的外观为金黄色，易抛光，并具有很好的抗氧化变色性能。在银质饰品上镀金，可有效地防止银质饰品的氧化变色。金合金镀层，根据镀液的不同配方，可呈现多种色调，常用于饰品表面的装饰性镀层。

金的镀层为阴极性镀层，在首饰电镀上常用的镀金溶液有碱性氰化物镀液、中性镀液、酸性镀液和亚硫酸镀液等。

二、碱性氰化物镀金

1. 工艺特点

碱性氰化物镀金溶液中，金以 Au（CN）的形式存在，镀液中含有一定量的游离氰化物，具有较强的阴极极化作用，均镀能力和深镀能力都很好，电流效率接近于 100%，金属杂质难以沉积，镀层的纯度高，但其镀层的硬度却较低，耐磨性较差。

2. 碱性氰化物镀金溶液的维护

（1）氰化物镀金溶液在电镀过程中，允许使用的阴极电流密度较低，在电镀中，过高的电流密度往往会造成镀层色泽的暗红，甚至发焦，这时，应适当降低阴极电流密度或提高溶液温度，以免其他金属杂质的析出。

（2）虽然氰化物镀金溶液对杂质的敏感性较小，但溶液中也应避免铜、银、砷、铅等杂质的浸入。否则，杂质在溶液中达到一定的量时，会严重影响到镀层的色泽和结合力。

（3）在镀金过程中，阳极长时间地使用纯金板，溶液中金的浓度会逐渐升高。因此，要定期将阳极板换用不溶性的阴极，如铂、钛等。

（4）当镀金溶液中存在过量的 Na+ 时，会导致阳极钝化，溶液易呈褐色。所以，在配制溶液时，尽量避免使用氰化钠，应使用氰化钾。

工艺规范 配方一

溶液的组分与操作条件	氰化金钾	氰化钾	碳酸钾	磷酸二氢钾	温度（℃）	电流密度（A/dm^2）	阳极
含量（g/L）	2 ~ 5	12 ~ 15	10 ~ 14	12 ~ 15	50 ~ 65	0.4 ~ 0.6	金

配方一 溶液的配制

A. 往 100ml 的镀槽内加入 500ml 左右的蒸馏水，加镀液温至 50℃左右。

B. 在排风良好的作业场所，加入 12 ~ 15g 氰化钾，用玻璃搅棒充分搅拌，使之全部溶化。

C. 加入 2 ~ 5g 氰化金钾，充分搅拌，使之全部溶化。

D. 另用少量的蒸馏水溶解 10 ~ 14g 碳酸钾，待碳酸钾全部溶解后，边搅拌，边慢慢加入镀槽中。

E. 另用少量的蒸馏水溶解 12 ~ 15g 磷酸二氢钾，待磷酸二氢钾全部溶解后，边搅拌，边慢慢地加入镀槽中。

F. 往镀槽内补蒸馏水至 1000ml，将镀液加温至 50 ~ 65℃。

工艺规范 配方二

溶液的组分与操作条件	氰化金钾	氰化钾	氢氧化钾	酒石酸锑钾	甘油	磺化蓖麻油	温度（℃）	电流密度（A/dm^2）	阳极
含量（g/L）	10 ~ 12	70 ~ 90	25 ~ 30	90 ~ 100	20 (ml/l)	2.5 (ml/l)	25 ~ 30	0.4 ~ 0.6	金

配方二 溶液的配制

A. 往 1000ml 的镀槽内加入 500ml 左右的蒸馏水，加温至 50 ~ 80℃。

B. 加入 70 ~ 90g 氰化钾，充分搅拌，使之全部溶解。

C. 加入 10 ~ 12g 氰化金钾，充分搅拌，使之全部溶解。

D. 另用少量的蒸馏水溶解 25 ~ 30g 氢氧化钾，待氢氧化钾溶液会升温冷却后慢慢加入镀槽中，边加边搅拌。

E. 另用少量的蒸馏水溶解 90 ~ 100g 酒石酸锑钾，待镀液稍冷却后加入镀槽中，并搅拌。

F. 另用少量的蒸馏水稀释 20ml 甘油，边搅拌边加入镀槽中。

G. 另用少量的蒸馏水稀释 2.5ml 磺化蓖麻油，边搅拌边加入镀槽中。

H. 往镀槽内补蒸馏水至 1000ml，将镀液加温至 25 ~ 30℃。

工艺规范 配方三

溶液的组分与操作条件	氰化金钾	氰化钾	碳酸钾	温度（℃）	电流密度（A/dm²）	阳极
含量（g/L）	5～8	25～30	0.1～0.15	45～50	0.3～0.5	金

配方三 溶液的配制

A. 往1000ml的镀槽内加入500ml左右的蒸馏水，加温至50℃左右。
B. 加入25～30g氰化钾，充分搅拌，使之全部溶化。
C. 加入5～8g氰化金钾，充分搅拌，使之全部溶化。
D. 另用少量的蒸馏水溶解0.1～0.15g硝酸银，待硝酸银全部溶解后，边搅拌，边慢慢地加入镀槽。
E. 往镀槽内补蒸馏水至1000ml，将镀液加温至45～50℃。

三、中性镀金

1. 工艺特点

中性镀金溶液，它的镀金纯度与碱性氰化物镀金溶液一样，可以同样得到高纯度的镀层，但是它的电流效率却略低于碱性氰化物镀金溶液，约为80%～90%。可进行高速镀金和厚镀层的镀金。

2. 中性镀金溶液的维护

（1）阳极材料应使用不溶性的铂或钛。尽量避免使用不锈钢做阳极。
（2）因为阳极采用不溶性阳极，所以必须为溶液补充金的含量。
（3）如能严格控制好溶液的PH值，将会得到满意的镀层色泽。
（4）提高镀液温度，可以提高电流效率，但应注意电流密度不能过高，否则会造成镀层颜色发红、结晶粗糙。反之，电流密度过小，镀层色泽将会变浅。

工艺规范 配方一

溶液的组分与操作条件	金（氰化金钾）	铜（EDTA-Na²盐）	锌（EDTA-Na²盐）	镍（EDTA-Na²盐）	温度（℃）	电流密度（A/dm²）	PH值
含量（g/L）	10～12	2～3	1.5～2.5	1.5～2.5	55～60	1～2	8

配方一 溶液的配制

A. 往1000ml的镀槽内加入500ml左右的蒸馏水，加温至50℃左右。
B. 加入10～12g氰化金钾，充分搅拌，使之全部溶解。
C. 另用少量的蒸馏水溶解2～3g铜盐，边搅拌边加入镀槽中。
D. 另用少量的蒸馏水溶解1.5～2.5g锌盐，边搅拌边加入镀槽中。
E. 另用少量的蒸馏水溶解1.5～2.5g镍盐，边搅拌边加入镀槽中。
F. 往镀槽内补蒸馏水至1000ml。
G. 调PH值至8。
H. 将镀液加温至55～60℃。

工艺规范 配方二

溶液的组分与操作条件	金（氰化金钾）	镍（EDTA-Na^{2}盐）	磷酸氢二钠	磷酸二氢钠	温度（℃）	电流密度（A/dm^2）	PH值
含量（g/L）	4~5	0.3~0.5	18~20	14~16	65~70	1~1.5	7

配方二 溶液的配制

A. 往 1000ml 的镀槽内加入 500ml 左右的蒸馏水，加温至 50℃左右。

B. 加入 4~5g 氰化金钾，充分搅拌，使之全部溶解。

C. 另用少量的蒸馏水溶解 0.3~0.5g 镍盐，边搅拌边加入镀槽中。

D. 另用少量的蒸馏水溶解 18~20g 磷酸氢二钠，边搅拌边加入镀槽中。

E. 另用少量的蒸馏水溶解 14~16g 磷酸二氢钠，边搅拌边加入镀槽中。

F. 往镀槽内补蒸馏水至 1000ml。

G. 调 PH 值至 7。

H. 将镀液加温至 65~70℃。

四、酸性镀金

1. 工艺特点

酸性镀金溶液是由氰化金钾和弱有机酸等组成的，由于弱有机酸的存在，即使溶液的 PH 值为 3 时，溶液仍然十分稳定，而且镀液可以使用较低的金离子浓度，但此时溶液的电流效率较低，可以用提高电流密度来弥补。

2. 酸性镀金溶液的维护

（1）酸性镀金溶液的阳极应采用铂、钛等不溶性阳极。

（2）溶液中的金含量会随着工作时间的增加而逐渐减少，应定期补充氰化钾。

（3）控制好 PH 值，能使镀层得到满意的光亮。

（4）控制好电流密度能得到满意的镀层色泽。

工艺规范 配方一

溶液的组分与操作条件	氰化金钾	柠檬酸盐	温度（℃）	电流密度（A/dm^2）	PH值	镀层
含量（g/L）	10~15	85~90	40~60	1	3~6	普通

配方一 溶液的配制

A. 往 1000ml 的镀槽内加入 500ml 左右的蒸馏水，加温至 50℃左右。

B. 加入 10~15g 氰化金钾，充分搅拌，使之全部溶解。

C. 另用少量的蒸馏水溶解 85~90g 柠檬酸盐，边搅拌边加入镀槽中。

D. 往镀槽内补蒸馏水至 1000ml。

E. 调 PH 值至 3~6。

F. 将镀液加温至 40~60℃。

工艺规范 配方二

溶液的组分与操作条件	氰化金钾	柠檬酸盐	温度（℃）	电流密度（A/dm²）	PH 值	镀层
含量（g/L）	60 ~ 80	25 ~ 30	90 ~ 95	1 ~ 1.5	5 ~ 6	快速沉积

配方二 溶液的配制

A. 往 1000ml 的镀槽内加入 500ml 左右的蒸馏水，加温至 50℃左右。
B. 加入 60 ~ 80g 氰化金钾，充分搅拌，使之全部溶解。
C. 另用少量的蒸馏水溶解 25 ~ 30g 柠檬酸，待柠檬酸全部溶解后，边搅拌边加入镀槽中。
D. 往镀槽内补蒸馏水至 1000ml。
E. 调 PH 值至 5 ~ 6。
F. 将镀液加温至 90 ~ 95℃。

工艺规范 配方三

溶液的组分与操作条件	氰化金钾	醋酸锌	温度（℃）	电流密度（A/dm²）	PH 值	镀层
含量（g/L）	8 ~ 10	0.2 ~ 0.3	18 ~ 22	1	4 ~ 5	光亮

配方三 溶液的配制

A. 往 1000ml 的镀槽内加入 500ml 左右的蒸馏水。
B. 加入 8 ~ 10g 氰化金钾，充分搅拌，使之全部溶解。
C. 另用少量的蒸馏水溶解 0.2 ~ 0.3g 醋酸锌，边搅拌边加入镀槽中。
D. 往镀槽内补蒸馏水至 1000ml。
E. 调 PH 值至 4 ~ 5。
F. 将镀液加温至 18 ~ 22℃。

第五节 镀银

一、概述

镀银层具有极强的反光能力和良好的导电性，它的化学稳定性也较高。但是，镀银层在含有卤化物、硫化物的空气中，表面极易变色。这种变了色的镀银层，极大地破坏了其外观的洁白度和反光性能。

镀银溶液分氰化物镀银溶液和无氰镀银溶液两大类。在饰品的实际生产中，主要还是以氰化物镀银为主。

二、氰化物镀银

■ 1. 工艺特点

氰化物镀银溶液主要由银氰络盐和一定量的游离氰化物组成，它的均镀能力和深镀能力都较好，镀层结晶细致、洁白，在工艺饰品制作中是常见的镀种。

■ 2. 氰化物镀银溶液的维护

（1）溶液中要保持一定量的游离氰化物，方能使镀银溶液稳定，镀层结晶细致均匀，定期活化阳极，能提高溶液的导电能力。

（2）镀液中要保持一定量的碳酸钾（配制时加入，以后可以不再补加），可以提高镀液的均镀能力和导电性。

（3）碳酸钾的含量不能过高，如果碳酸钾超过80g/L时，阳极会产生钝化效应，使镀层变得粗糙。

（4）阳极应采用纯银板，如阳极的纯度不高，阳极板表面会发黑，导致镀层粗糙。

（5）应定期对溶液进行过滤。

（6）如需光亮性镀银，溶液中必须定期补加光亮剂。

工艺规范 配方一

溶液的组分与操作条件	氰化银	氰化钾	碳酸钾	温度（℃）	电流密度（A/dm^2）
含量（g/L）	5~10	15~25	10~15	18~25	0.2~0.5

第六节
镀铑

一、概述

铑属于铂族金属中一种，色泽呈银白色，在室温下耐酸、碱，对硫化物稳定性较好。镀铑层光亮，耐变色，硬而耐磨。接触电阻小，但在高温下容易氧化。

镀铑工艺大量用在铂饰品，白K金饰品和银饰品的表面处理上，镀铑层能使饰品更亮、更白，耐磨性更好。

镀铑溶液有硫酸型和磷酸型两种，在首饰表面处理工艺中，绝大部分都是采用硫酸型镀铑溶液来电镀的。

二、硫酸型镀铑溶液

■ 1. 工艺特点

金属铑以硫酸铑的形式存在于溶液中，一定量的硫酸增加了电流密度和镀层表面的光亮度，光亮剂的存在，在很大程度上使镀层更加洁白。在银饰品表面镀铑，能有效地防止氧化和延长银饰品的变色时间。在铂饰品和白K金饰品上镀铑，既增加了饰品表面的亮度和白度，也增强了饰品表面的耐磨度。

■ 2. 硫酸型镀铑溶液的维护

（1）镀铑溶液要严防氯的污染，否则会严重影响镀层的白亮度。

（2）要严格控制重金属杂质侵入，铁质的侵入会使溶液变成酱油色，也会使阳极发黑，影响镀层的亮度。

（3）锌的侵入会使镀层发花，斑驳不匀。

（4）铝和铅的侵入会造成镀层发暗无光。

（5）溶液应定期补充硫酸铑和硫酸，并定期过滤。

工艺规范 配方一

溶液的组分与操作条件	硫酸铑（4～5g/100ml）	硫酸（分析纯）	温度（℃）	电流密度（A/dm^2）	阳极
含量（g/L）	20～40	8～25	40～55	2～6	铂、钛

配方一 溶液的配制

A. 往 1000ml 的镀槽中内入 500ml 左右的蒸馏水。

B. 加入 20～40ml 硫酸铑，充分搅拌。

C. 另用少量的蒸馏水稀释 8～25ml 硫酸，边搅拌边加入镀槽中。

D. 将镀液加温至 40～55℃。

第 10 章
贵金属首饰鉴赏

9K金系列饰品

18K金双色镶石手镯

14K金饰品

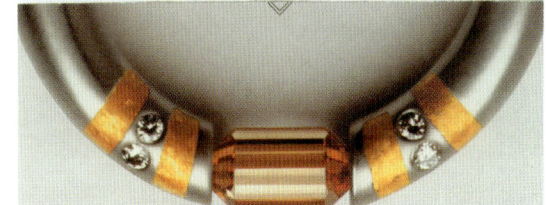

18K金双色镶石手镯

Pt900镶钻饰品

Pt900套装饰品

18K金饰品

18K金镶钻项圈手镯

18K金机制链配鸡心坠